城市街尘重金属污染
及其环境效应研究——以郑州市为例

林晓玲　王慧亮　张丽娟　著

黄河水利出版社
·郑州·

内容提要

本书围绕城市街尘中重金属污染特征及其环境效应等研究前沿，系统介绍了城市街尘重金属的污染机制，城市不同功能区以及城市近地表和高层街尘重金属的污染指数、污染负荷指数和地累积污染指数的定量特征，城市不同功能区之间和不同高度上的街尘重金属污染特征的差异性，城市街尘重金属的来源及其对地表径流的贡献，当前条件下人类暴露于灰尘中重金属元素这一污染介质所产生的非致癌风险和致癌风险，以及城市街尘重金属在降雨冲刷作用下的污染潜力。

本书可以供与环境影响评价相关的工程技术和管理人员阅读使用，也可以作为水资源与水环境等相关专业的延伸阅读材料，也可供从事相关研究的科研工作者和研究生阅读参考。

图书在版编目(CIP)数据

城市街尘重金属污染及其环境效应研究：以郑州市为例/林晓玲，王慧亮，张丽娟著. —郑州：黄河水利出版社，2023.1

ISBN 978-7-5509-3515-0

Ⅰ.①城…　Ⅱ.①林…　②王…　③张…　Ⅲ.①城市空气污染-粒状污染物-重金属污染-环境效应-研究-郑州　Ⅳ.①X513

中国国家版本馆 CIP 数据核字(2023)第 027515 号

策划编辑：王志宽　电话：0371-66024331　E-mail：278773941@qq.com

责任编辑　郭琼　　责任校对　兰文霞
封面设计　李思璇　　责任监制　常红昕
出版发行　黄河水利出版社
地址：河南省郑州市顺河路 49 号　邮政编码：450003
网址：www.yrcp.com　E-mail：hhslcbs@126.com
发行部电话：0371-66020550
承印单位　广东虎彩云印刷有限公司
开　　本　787 mm×1 092 mm　1/16
印　　张　8
字　　数　185 千字
版次印次　2023 年 1 月第 1 版　　2023 年 1 月第 1 次印刷

定　　价　56.00 元

前　言

随着城市现代化建设、快速化交通的实施及工业化的不断推进,城市大气环境污染问题迫在眉睫,城市降尘量明显增加,降尘中各种重金属含量也逐渐增加。大气污染干沉降不仅对城市居民的日常生活和出行造成了不便,也无形中在城市道路和表层土壤中进行了累积,在湿沉降过程中更是对城市水体造成一定的污染。大气环境干沉降重金属污染特征研究不仅有助于了解目前条件下城市的污染状况,更有助于后期对城市地表径流污染机制的研究,对改善城市水环境质量有着重要的意义。依托国家自然科学基金项目“典型城区干湿沉降重金属对地表径流的污染机制”(编号:51879242),项目团队以郑州市为研究区域,对城市不同功能区内道路及高层灰尘样本进行收集,分析重金属污染特征并评估污染水平及潜在的生态风险,探究城市灰尘金属元素的来源及贡献,并评价当前条件下人类暴露于灰尘中重金属元素这一污染介质所产生的非致癌风险和致癌风险,以及评估了地表街尘重金属对地表径流的潜在污染负荷,系统揭示了近地表街尘重金属的污染特征及其环境效应。

本书共由6章组成,按照3部分进行组织撰写。第1章和第2章为第一部分,系统介绍研究背景、研究现状、研究内容以及研究区域概况;第3章和第4章为第二部分,主要介绍地表街尘重金属在不同高度上的分布特征、污染水平、污染源解析等;第5章和第6章为第三部分,主要介绍地表街尘重金属对人体健康的风险评价以及地表街尘重金属对地表径流的潜在污染负荷等两方面的环境效应。

本书主要由郑州旭恒环保科技有限公司林晓玲、郑州大学王慧亮、河南省资源环境五院的张丽娟撰写,郑州大学的石琦、祝裕家参与了部分撰写工作,具体分工如下:第1章和第2章由林晓玲撰写,第3章由林晓玲、石琦撰写,第4章由张丽娟、祝裕家撰写完成,第5章由张丽娟撰写,第6章由王慧亮、石琦和祝裕家撰写,由王慧亮对全书进行统稿。

本书是项目组成员共同努力的结晶,除本书作者外,参加研究工作的团队成员还有研究生申晨阳、鲁珂瑜、康永飞、何鹏、李朋林、于法乐等,在此对他们在研究中的付出和贡献表示感谢!本书编写过程中,研究生刘英杰、孙伯宇、杨泽天、刘采杰等参与了资料整理和文字校正工作,在此对他们的辛勤劳动表示感谢!感谢国家自然科学基金委员会的大力支持!感谢郑州大学水安全与水资源调控研究所各位成员和郑州大学水利科学与工程学院的关心支持!

由于作者水平有限,加之地表街尘重金属污染的环境效应是一个多学科交叉的课题,书中难免有疏漏和不妥之处,恳请读者批评指正。

编　者

2022 年 12 月

目　录

第 1 章　绪　论

1.1　研究背景及意义

大气污染物已经成为现代化城市中土壤和水环境污染的部分来源,它与人们的日常生活活动和城市交通密切相关。随着工业化和城市化的快速发展,城市大气环境质量问题日益突出。我国城市首要大气污染物已从粉尘转变为可吸入颗粒物,这些颗粒物在一定的外动力作用下容易通过呼吸道和皮肤等进入人体,被直接摄入吸收,从而对人体产生不同程度的危害;另外,大气中颗粒物在降水的冲刷作用下进入河道,从而对城市水环境系统造成直接污染。因此,大气干湿沉降重金属污染特征及其环境效应成为环境科学研究的热点。

对于大气颗粒物的研究分类有多种,目前在大气环境质量研究中主要使用的指标包括 $PM_{2.5}$、PM_{10}、TSP 等。按来源分类,大气颗粒物包括烟尘、工业粉尘、沙尘、扬尘、街道灰尘等;按空气动力特征分类,大气颗粒物包括总悬浮颗粒物、降尘、飘尘等。近地表灰尘是大气中颗粒污染物在气压和重力的作用下,通过扩散、运输、聚集、沉降等过程,富集在扬尘中沉降至近地表表面的产物,它不仅是大气环境干沉降的产物,也是城市交通及人类活动对环境造成污染状况的体现。随着城市快速发展进程的推进,城市的不透水面覆盖比例高达 60%~100%,这导致了被污染的颗粒物可在道路上进行高度累积,并且在地面人类活动的影响下还会发生再悬浮-再沉降过程,使得污染物在道路沉积物中进一步富集。近年来,由于城市近地表降尘的含量及城市降尘中所包含的各种污染物质的含量均表现出逐年增加的趋势,城市近地表大气降尘及降尘中污染物质含量的增加不仅会对人们生活场所的周边环境质量造成影响,同时近地表大气降尘中包含的各种污染物质还会随着近地表的沉降,进入水体、土壤、动植物体内及人体等,造成二次污染,从而形成较大的危害。因此,对近地表降尘中各类有害有毒污染物质的分布情况、含量水平进行研究,并在此基础上进行高风险区域识别,对制定污染控制措施等都十分重要。本书选择的研究对象主要是城市近地表降尘,也就是在建筑物门窗上长期积累的、在人体平均呼吸高度(m)处采集的大气尘埃以及沉积在道路上的街尘,这部分降尘对人体的健康影响最大,同时也会破坏城市水体环境。

截至 2019 年 12 月,郑州市全市常住人口达 1 035.2 万人,机动车保有量 450 多万辆,非机动车 300 多万辆,这不可避免地带来了由过度的人类活动和交通拥堵造成的城市道路环境问题。拥挤的车辆产生的汽车尾气和轮胎磨损,以及活跃的人类地面活动等都会造成道路沉积物在不透水的城市道路上发生再悬浮,产生大量的灰尘甚至是雾霾,从而对空气环境造成一定程度的污染。此外,聚集了有机污染物的重悬浮颗粒可能会沉积在道路周边的树木土壤中,使被污染的土壤难以得到修复。在城市遭受降雨条件时,道路沉积物会随着雨水被冲刷至管道,有一部分会直接溶解在水体中或者吸附在水体颗粒物上,对城市管道水体造成一定的污染,这一系列的大气环境污染、土壤污染及水污染都有可能对城市居民的健康产生潜在的健康风险。

1.2　国内外研究现状

大气沉降是指通过重力或冲刷作用自然沉降于地表的大气颗粒物,分为干沉降和湿沉降,其粒径多在 10 μm 以上 100 μm 以下。大气干湿沉降是地表"地-气"系统物质元素等循环的一种形式,是地表草原、湿地等生态系统中营养物质等的重要来源,大气中污染物也会随干湿沉降落到地表,对生态环境造成破坏。大气中重金属由于其具有传输距离远、影响范围广、迁移过程快等特点,一旦进入环境体系就成为永久性的污染物质,能够产生一系列环境学效应,其长期存在会对环境构成极大的潜在威胁,更严重的是会产生化学危害,并可产生二次污染。历史文献表明,3 000 年前我国就有大气沉降的记录。根据文献的沉降记录可以绘制出古代沉降地域分布图。国外对大气沉降的研究主要是围绕沙尘暴及城市大气颗粒物质的来源、组成、迁移、沉降等进行的。人类活动(特别是工业活动)的大大增加,导致城市大气颗粒物沉降量明显增加,大气沉降中各种重金属含量也呈现出了逐渐增加的趋势。大气沉降除本身是有害物质外,也是其他污染物的运载体和反应床,大大增加了颗粒物对生态环境、生物和人体的潜在危害。

1.2.1　城市道路灰尘重金属污染特征分析研究现状

改革开放 40 多年以来,我国公民的生活水平及城市基础建设有了很大程度的提高与发展,车辆数量日渐增多,高层建筑物日益崛起,人们的生活空间在高度上有了很大的延伸。这就会导致有些大气干沉降颗粒物会沉淀在高层建筑物上无法直接到达地面,而且建筑物高层的清扫问题也较为复杂和困难,极容易造成污染物的高度累积。但是当遭遇大风、雨水冲刷等条件又会再次降落至地面或者直接进入城市水体中,同样会对空气、城市土壤及接收水体造成一定程度的污染,高层建筑上的灰尘也成为城市地表污染的重要潜在来源。因此,对于城市大气干沉降污染物在地面道路和高层建筑物上分布特征的分析研究都极为重要。

大气沉降通量(单位时间落在单位面积上地表沉降颗粒物质的质量)是定量描述大气沉降特性的基本参数。研究发现,我国大气降尘中 Cu、Zn、As、Hg 的数据服从对数正态分布,取几何均值±标准差来表示平均含量分别为(107.41±137.82)mg/kg、(738.61±1 294.1)mg/kg、(22.09±27.78)mg/kg、(0.34±0.64)mg/kg。Pb、Cr、Cd、Mn、Ni 的数据服从偏态分布,取中位值±标准差来表示平均含量分别为(276.00±826.03)mg/kg、(101.00±605.30)mg/kg、(3.29±7.05)mg/kg、(537.00±2 271.30)mg/kg、(46.70±173.00)mg/kg。大气降尘中各重金属元素含量大小总体上遵循 Zn>Mn>>Pb>Cu≈Cr>Ni>>As>Cd> Hg。将我国大气降尘中重金属平均含量与墨西哥、孟加拉国、土耳其 21 世纪初大气降尘中的重金属平均含量进行比较可知,我国大气降尘中重金属 Cu、Zn、Pb、Cr、As、Ni 的平均含量分别是墨西哥的 4.1 倍、2.0 倍、7.6 倍、9.0 倍、9.9 倍、2.3 倍,重金属

Cd的平均含量低于墨西哥；Cu、Zn、Pb、As、Ni的平均含量分别超过孟加拉国的4.9倍、7.6倍、7.9倍、4.4倍、2.0倍；Zn、Pb、Cd的平均含量分别高于土耳其的6.6倍、3.7倍、3.5倍。

前期学者们关于重金属污染特征的分析多集中于重金属在研究点浓度值的描述性统计分析、金属空间分布特征、污染水平评价等。在研究过程中，Li H等对北京奥林匹克公园内道路沉积物中重金属特征进行分析发现，随着沉积物粒径的增加，其富集的重金属浓度会降低；Cd是最具生物利用价值的金属，并且具有高迁移能力。闫慧等对许昌市街道灰尘重金属含量与粒径之间的效应研究表明，Cu、Pb、Zn、Cr与粗粉砂（50~100 μm）相关性显著，而Mn、Ni金属与细粉砂（10~50 μm）相关性显著，而Co与黏粒组分（<10 μm）相关性强，这些不同重金属间粒径效应的不同，可能与相对吸附和同晶置换的强度有关。孙宗斌等对天津市道路灰尘重金属的污染特征分析中发现，Cd的平均含量为天津土壤环境背景参考值的11倍，超标严重，且Cd、Cr和Cu的变异系数却分别高达0.90、0.89和0.74，人为作用携带重金属污染现象显著。Duong和Lee对污染因子的分析表明，韩国蔚山市区沥青高速公路的道路灰尘中Cd、Zn和Ni的污染水平相当高，Cu的污染程度极高；交通量、交通扰动下的大气扩散、工业排放，刹车的使用频率和车辆急刹车频率都是影响城市道路灰尘中重金属的污染水平的因素。Škrbić BD等用修正生态风险指数和地累积指数对塞尔维亚诺维萨德道路灰尘中重金属含量进行了综合评价，并发现Pb、As、Co、Cu重金属浓度冬季高于夏季，而Ni与Cr浓度在夏季较高。在灰尘重金属的生物可给性及其影响因素的研究方面，刘蕊和涂兰兰对贵阳市建筑灰尘进行采样分析，评估人体无意摄入建筑灰尘重金属的健康风险。

综上所述，对郑州市道路沉积物中不同重金属污染特征及污染水平的分析具有重要意义。然而，目前学者们更多的研究集中在对城市道路沉积物的研究中，对于重金属垂直方向分布特征的研究较少。在国内，李晓燕和张舒婷对贵阳市3个高层建筑采样点分8层进行采样，对重金属垂直方向分布情况进行分析研究。国外关于重金属垂直分布的研究尚少，国内对于重金属垂直方向分布特征在空间分布上差异的研究还不够深入。

1.2.2　城市不同功能区道路沉积物中重金属研究现状

城市地表由多种土地利用方式组成，其中包含局部和可扩散的污染源，如交通、工业和家庭活动等，不同类型的活动释放的重金属种类和含量不同，沉降在地表时会导致地表灰尘中重金属水平的空间差异，因此城市不同功能区道路中重金属的物质组成、含量等特征也成为研究的热点。

先前学者们对城市功能内沉积物中重金属特征的区域性进行了分析，更多的学者还是研究单个区域内的情况，Wang J等计算了南京公园区域城市灰尘中微量金属的Tomlinson污染负荷指数和地累积指数，结果表明南京公园区内道路灰尘样品受到了严重的Pb污染。Wahab MIA等对吉隆坡非尾气排放道路灰尘中重金属的特征进行了分析，根据污染负荷指数评价了4条不同道路重金属的污染程度；然后进行了人体健康风险评价并发现，所有研究地区儿童暴露的综合危害指数均大于1，表明可能存在非致癌效应。Ma Y等对镇江低强度开发地区（LID）道路扬尘的调查中发现LID建设活动导致的道路扬尘再悬浮可能是造成大气金属污染的主要原因。虽然LID施工场地的道路粉尘重金属浓度低于没有开发活动的场地，但由于LID施工过程中产生的道路粉尘质量较大，LID施工场地大气重金属所带来的生态风险普遍较高。还有学者对葫芦岛Zn冶炼区街道灰尘的研究中发现，儿童在该区域暴露于Pb的危害指数大于安全水平1，暴露于Cd的危害指数接近1，说明儿童存在着潜在健康风险。Ackah M调查了阿博布罗西和阿瑟曼这两个加纳阿克拉的城区电子垃圾回收区域地面土壤中重金属的污染状况，并评价了电子垃圾对土壤重金属浓度的影响，发现电子垃圾回收区域底土造成的健康风险较大且儿童可通过口腔As遭受砷的致癌风险。而且，在对广州室内外灰尘的风险评估中，Huang M等发现是As最危险的元素。吴建芝等对公园和道路绿地土壤中的重金属含量进行了比较研究，得到道路绿地中Cu、Zn、Cr、Pb、Cd平均含量高于公园绿地；三环到四环路污染最严重，二环到三环路污染最轻。也有相关研究者对城市不同功能区间重金属的污染情况进行了比较分析，Li HH等对成都市不同功能区下道路灰尘中重金属污染情况进行对比分析发现，每个功能区中重金属浓度由高到低依次为商业区、交通区、住宅区、文教区、公园区。

地表灰尘因其颗粒极小（大多粒径小于10 μm），且结构疏松，呈现粉末状游离于城市的各个角落，在外营力的作用下会发生纵向和横向的迁移，从而在空间分布上表现出连续性和变异性的分布特征。空间插值法是将离散点的测量数据转换为连续数据曲面的空间可视化方法。该方法可分为确定性插值法和地质统计学方法，其中以反距离权重插值法（Inverse Distance Weight，IDW）为代表的确定性插值法是基于信息点之间的相似程度以及整个曲面的光滑性来创建一个拟合曲面，而以克里金插值法（Kriging）为代表的地质统计学插值方法是利用样本点的统计规律，使样本点之间的空间自相关性定量化，从而在待测点周围构建样本点的空间结构模型。王硕等利用克里金插值法绘制了中国地表灰尘中5种元素（Cr、Cu、Pb、Zn和Cd）的空间分布特征及各省份的富集状况，发现我国不同省份地表灰尘中重金属含量差异较大，但其含量普遍较高。Xiao等基于地统计法与GIS技术绘制了鞍山市道路灰尘重金属的空间分布图发现，采样点位于鞍山钢铁工业区内的地表灰尘中重金属的含量明显高于其他采样点，其重金属的污染随距离工业区的距离增加而减少，与钢铁工业相关的元素在城市中心的顺风方向上浓度逐渐下降。Nazarpour等报道了伊朗Ahvaz市不同土地利用类型（居民区、工业区、公共花园、路边地区和郊区）街道粉尘中Hg的空间分布特征发现，Hg的空间分布图与主要人为污染源的位置重叠，其浓度的热点地区主要分布在居民密度高、交通排放量大和Hg长期沉积的老城区。Safiur利用ArcGIS 10.2绘制了孟加拉国首都Dhaka市道路灰尘中8种元素（Pb、Cr、Mn、Ni、Cu、Zn、As、Cd）的空间分布模式，结果发现，该市道路灰尘中Pb、Ni、Cd和As的热点区域主要与频繁的交通运输和工业排放活动相关。综上可知，灰尘中重金属浓度的空间分布格局受人类活动的扰动明显。

综上所述，前期学者们对功能区内的研究较多，对功能区间沉积物中重金属污染特征的分析较少。但是由于城市不同的土地利用类型，功能区间的差异越来越明显。因此，对城市道路沉积物中重金属污染特征进行不同功能区间的对比分析显得尤为重要。

1.2.3 道路灰尘重金属来源解析研究现状

重金属因具有毒性持久性、生物积累性及难降解性等特征,而备受各国学者的关注。在城市环境污染中,重金属亦占有很高的比例,比如城市交通工具中的汽车轮胎胎面胶中添加的Zn元素主要为ZnO,少量为各种有机锌化合物,可以促进橡胶的硫化;另外Zn在汽车润滑油、路面护栏路标、橡胶垫层、汽化器中也都很常见。此外,城市建筑中的建筑材料和合金表面、日常生活中使用的电镀电池、塑料以及植物养护中使用的肥料等含有Cr和Cd,温度计、血压计及牙科一些医疗设备中含有Hg;Cu和Cr广泛用于皮革、油漆等的生产,这些人类活动与生活中离不开的事物,都会有重金属的存在。因此,对城市沉积物灰尘中不同重金属的相关关系及来源进行分析,对了解研究区范围内造成重金属含量高低的原因至关重要,并且可为后期城市环境监控和治理提供数据支撑。因此,城市灰尘重金属源解析也是研究者们研究的热点话题,识别各金属元素的来源,结合当地发展及污染状况,可以较为精准有效地解决城市各来源所导致的灰尘重金属污染问题。

地表灰尘中重金属元素的种类及含量基于各地自然地理条件及其地球化学条件发育背景的基础上,主要受到工业生产、城市建设以及交通运输等人类活动的影响。目前,灰尘重金属来源分析主要集中在相对定性的源识别(source identification)和定量的源解析(source apportionment)两个维度,其中重金属的源识别主要利用多元统计分析(相关分析、因子分析、聚类分析)与地统计法(重金属浓度分布的空间可视化)相结合来实现重金属的来源识别,其优势在于仅通过检测数据便可实现,而无须借助特定的数理模型。然而,多元统计分析所需要的原始数据量大,且参与分析的数据需要服从正态分布。随着科研需求对源解析精度要求的不断提高,人们对重金属的来源分析逐步由源识别向污染源贡献率的定量化探索。应用较早也最为广泛的来源识别方法为主成分分析法,通过降维的思想来提取几个较少的主成分用以解释多个重金属。Škrbić BD等利用皮尔逊相关系数分析金属间相关关系,选用主成分分析因子分析的方法进行来源分析,发现Pb、Cr和Cu的相关性较为显著,通过特征值大于1提取出3个主成分,共解释了总方差的68%。此外,正定矩阵因子分解法(PMF)、CMB、Unmix等受体模型亦可用源解析,在先前学者的研究中具有良好的适应性,得到了较为理想的结论。Men等将正矩阵分解法用于定量来源分析,结果表明在北京地区交通相关的废气污染占总污染源的34.47%,煤炭燃烧和金属材料来源各占约25%,此外,农药、化肥和医疗设备的使用占14.88%。在使用Unmix 6.0受体模型对宝鸡市区土壤重金属进行源解析的结果表明,Cd、Cu和As主要为由工农业活动所导致的“人为源”,Zn和Ni为交通排放造成的“人为源”,Cr、Pb和Mn元素主要为“混合源”。在对武威市农田土壤中重金属的源解析分析中,Guan等对比了主成分分析/绝对主成分得分(GPCA/APCS)、PMF和Unmix 3种模型的模拟结果,发现大气沉降贡献了大多数(53.95%~65.35%)污染。3种模型相互补充,模型GPCA/APCS表现突出,GPCA/APCS和Unmix结果表明,农业活动是主要的人为源(51.06%~61.56%),其次是化石燃料(煤和石油)的燃烧(27.92%~28.66%)和与材料相关的建筑活动(10.52%~20.29%)。石栋奇等采用多元统计与APCS-MLR模型相结合定量解析出包头市道路灰尘中9种重金属主要来源于化石燃料-交通源(62.6%)、自然与工业混合源(34.8%)以及建筑源(2.6%)。张晟玮基于 Unmix、PFM、PCA-MLR 受体模型解析得出 3 个相似的污染源,分别为工业源、交通源和自然-燃煤源,其中 Unmix 的解析结果依次为 18.89%、34.89%和 46.28%;PMF 的解析结果依次为 41.33%、22.75%和 35.92%;PCA-MLR 的解析结果依次为 41.33%、17.82%和 40.85%。Hong 等通过选用 PMF、Unmix、标志元素比(FER)和化学质量平衡法(SCMD),对比分析了道路沉积物中 Pb、Zn、Cr、Cu 和 Ni 等重金属元素对城市道路雨水水质的影响时发现,PMF 和 Unmix 模型的准确性受到所使用的化学物种的数量以及是否能识别特定来源的有用标记的影响,两者与 FER 和 SCMD 相比,PMF 和 Unmix 在数据准备和计算过程中更容易,但在源识别过程中更困难。与此相反,FER 和 SCMD 在数据准备和计算过程中具有挑战性,但容易识别来源。

总体来说,源解析方法根据研究对象污染源和污染区域的不同,可分为排放清单、扩散模型和受体模型 3 类,其中排放清单和扩散模型均以污染源为研究对象,此类方法在实际研究中需研究者自行确定污染源,并制定污染源谱,其研究结果往往具有较大的主观性。然而,以污染物为研究对象的受体模型的理论核心是化学质量平衡,即受体与污染来源间的污染物呈质量平衡的关系。因此,相较于扩散模型,受体模型不依赖于污染源的排放条件、地形、气象等数据,无须追踪污染物的扩散过程,避免了扩散模型输入数据的不确定性,从而得到了广泛的应用。

1.2.4 沉积物中重金属对人体健康风险评价的研究现状

当重金属浓度含量较高时,能够对人体的呼吸道、消化系统、肝脏、内分泌功能、心血管中心和造血系统等造成有害影响,比如,人体内 Cr 的过度积累可能会引发肺癌和胃癌。此外,长期食用含 Cd 食物可造成痛痛病(骨癌病),或导致肾脏衰竭,例如,20 世纪 30—70 年代,日本因慢性 Cd 中毒导致骨痛病而亡的患者达 200 余例;2009 年 8 月,湖南省浏阳市镇头镇双桥村爆出 Cd 污染事件,因长沙湘和化工厂非法生产所致,509 人尿检发现 Cd 超标。Pb 中毒会影响神经及消化系统运作,通常 Pb 中毒的途径是食入和呼吸,即使在低浓度条件下,也可能会导致神经和发育障碍,而且儿童更易吸收 Pb,会导致永久智力损伤和行为异常。在我国近十几年来就有相关报道:2004 年,浙江长兴 500 名儿童血 Pb 中毒;2010 年,安徽安庆市怀宁县高河镇八一村 307 名儿童在血铅检查中发现有 228 名儿童血铅含量超标;2014 年,湖南衡阳由于化工污染导致 300 余名儿童血铅超标。此外,Hg 是环境中毒性最强的重金属元素之一,它主要通过食物链进入人体,对人的大脑和神经系统造成损伤,特别是儿童和孕妇。20 世纪 50 年代初,日本水俣镇居民因长期食用八代海水俣湾中含有 Hg 的海产品导致有机汞中毒,出现口齿不清、面部发呆、手脚发抖、精神失常的症状。国内曾经有"中国贡都"的贵州,在 2005 年时就有 117.4 hm^2 的土壤遭受 Hg 污染。此外,辽宁金州湾也曾被报道受到 Hg 污染。近年来,关于重金属超标、人体重金属中毒的事件也时有发生,重金属的危害不容小觑,在众多事件中,不难发现其中主要以 Cd、Hg、As、Pb、Cr、Cu、Zn、Ni 等重金属为主,因此对这些重金属含量进行调查研究对重金属污染及中毒事件的发生起到防患于未然的作用。

20 世纪 30 年代出现了以计算污染物毒理学特征来评估其对人体健康危害的方法;20 世纪 50 年代科研工作者借助动物实验来估算人体对污染物的耐受阈值。20 世纪 80

年代,健康风险评价方法逐步兴起,该方法通过将污染物的暴露量与癌症发生指示物相联系,以构建污染物对人体健康危害的评估模型。当前较为广泛应用的人体健康风险模型主要有欧洲官方提供的 HHRE(Human Health Risk Evaluation)、英国官方推荐的 CLEA(Contaminated Land Exposure Assessment)以及美国环保局提出的 HRAM(Health Risk Assessment Model)三种模型。其中,HRAM 模型对灰尘重金属健康风险的评估结果更为准确。

Weerasundara L 等运用人体健康风险评价模型对斯里兰卡坎迪市大气沉积物重金属的健康风险进行评价,发现在摄食、经口鼻吸入、皮肤直接接触三种暴露途径中,摄食暴露的风险最高,并且儿童比成人要面临更高的健康风险。张文娟等采集了西安市三环内 58 个地表灰尘样品,应用美国环境保护部(USEPA)人体暴露风险评价模型对人群暴露地表灰尘中重金属的健康风险进行分析发现,地表灰尘中重金属的非致癌风险均低于风险阈值,Zn、Pb、Cu、Cr、Ni、As、Co 和 Mn 等重金属不存在明显非致癌危害。Cr、Co、As 和 Ni 的致癌风险在可接受范围内。焦伟等通过借助化学形态分析更好地评价了道路灰尘中各重金属的人体健康风险,发现临沂市道路灰尘中生物可利用态重金属的非致癌与致癌风险水平整体较低,但儿童的非致癌暴露量明显高于成人,手-口摄入是最主要的暴露途径。Sobhanardakani S 对伊朗科曼莎大气干沉降中重金属的人体健康风险的评价结果显示,粉尘样本中所有被分析金属的 95% 置信区间的危害指数的上限在儿童和成人的安全水平内;Co 和 Ni 的致癌风险水平均低于当地居民的可接受范围(10^{-6}~10^{-4})。常静等采用 HRAM 模型分析了上海中心城区地表灰尘中 Zn、Pb、Cu、Cd、Cr、Ni 的健康风险发现,上述 6 种元素对人体产生的致癌和非致癌风险均在安全阈值范围内,其中手-口摄入方式为人体健康风险最大的暴露途径。曹治国等报道了北京市典型室内外灰尘中 Cu、Zn、Cr、Pb、Cd 和 Ni 的粒径分布规律和人体健康风险,发现其重金属对人产生的潜在健康风险危害均可忽略不计。Zhang 等采用污染评价方法和 USEPA 模型定量解析了我国 58 个城市地表灰尘中 10 种重金属元素污染现状及潜在健康风险,发现大部分城市地表灰尘中重金属元素污染较为严重,各元素联合对儿童已产生了一定程度上的致癌和非致癌风险。针对长春市和西安市地表灰尘中重金属元素潜在健康风险的评价结果显示,灰尘中富集的重金属已对儿童造成了一定的非致癌风险,而对成人不具有非致癌风险,且 As 为两地主要的健康风险元素。Yadav 等对尼泊尔 4 个主要城市(Kathmandu、Pokhara、Birgunj 和 Biratnaga)的表层土壤和室内灰尘中 12 种重金属的研究发现,上述两种环境介质中所富集的重金属对人体已构成了显著的致癌和非致癌风险,其中 Ni、Cd 和 Pb 对成人和儿童均具有较高的致癌风险。Mvovo 和 Magagula 采用 HRAM 模型对南非东伦敦道路灰尘重金属的健康风险的分析发现,该区所关注的重金属元素已对人体造成了潜在的非癌症风险,其中儿童暴露量的大小关系为手-口摄入 > 皮肤接触 > 呼吸吸入,而在成人中则为皮肤接触 > 手-口摄入 > 呼吸吸入。总体来说,相较于成人,儿童受到地表灰尘重金属危害的可能性更大。这主要与儿童频繁的手-口活动导致其无意识摄入的灰尘量远高于成人相关。此外,相较于成人,儿童具有更低的毒性耐受力。这主要与儿童的血红蛋白对重金属的敏感度更高,且对重金属的吸收率高于成人相关。

基于以上对城市道路灰尘沉积物中重金属的研究现状可知,目前关于重金属对人体健康风险评价的研究均止步于基于浓度值计算得到的量化值与风险阈值的比较评价,而对于人体健康风险值空间分布的研究及不同功能区间的对比研究较少。

1.2.5 街尘重金属与地表径流污染的关系研究现状

我国90%以上城市水体污染严重,其中城市径流污染是造成水环境恶化的重要原因之一。由于城市地表径流污染具有随机性、集中排放、冲击负荷大、源头监测难、控制难度大等特点,已引起人们的高度重视。目前我国城市化进程正快速推进,增加了不透水地表的比例,加大了地表产流量。城市人类活动强度增大导致地表累积污染物数量和种类急剧增加,造成城市地表径流污染程度加重,水体污染的贡献份额也有逐步升高的趋势。街尘是引起城市面源污染的分布最广泛、最重要的污染载体,加深街尘及其负载的污染物与降雨冲刷相关过程的全面认识,对有效控制城市地表径流污染、改善城市水环境质量有着重要的意义。

在海绵城市建设"源头削减、过程控制、末端治理"这一雨水综合管理方法的引导下,重金属在地表径流冲刷作用下的迁移转化问题正受到越来越多的关注。Puripus Soonthornnonda 对径流中污染物的迁移能力进行了模型研究,结果表明,重金属在城市地表径流中的迁移能力存在明显差异,在指定降雨强度下,重金属的迁移能力由高到低依次为:Pb >Ag>Zn>Cu>Ni>Hg>Cd,且仅次于地表颗粒物。地表颗粒物作为重金属污染的重要载体,其表面附着了大量的重金属。颗粒物-重金属复合体在城市径流中的迁移,以及颗粒态重金属、溶解态重金属之间在径流冲刷作用下的动态变化已然成为重金属迁移转化问题的重点内容。何小艳等通过人工降雨模拟径流冲刷的方式,对不同粒径地表颗粒物中重金属在径流冲刷作用下的迁移转化进行了研究。结果表明,在径流冲刷作用下颗粒态重金属含量整体呈下降趋势,而溶解态重金属含量变化较小。此外,地表颗粒物中重金属在冲刷作用下,会与颗粒物发生解离,同时颗粒物粒径越小,重金属解离现象越明显。Hongtao Zhao 等通过模拟降雨试验,对径流冲刷作用下颗粒物中重金属的迁移转化与颗粒物冲刷率之间的相互关系进行了研究。结果显示,在径流冲刷作用下不同化学形态的各类重金属含量均有不同程度的变化,同时,粒径小于 105 μm 的颗粒物占颗粒物总质量的 40%,而其中重金属含量为冲刷后径流中颗粒态重金属含量的 75%,且仅为冲刷后径流样品中重金属总量的 50%。量化径流冲刷条件下地表颗粒中重金属的迁移转化规律对实现径流污染控制目标具有重要意义。

降雨特征是影响城市积尘冲刷的首要因素。沈君等研究发现,同一屋面在相同条件下,当其承受降雨强度与降雨量越大时,其初期径流水质越差,同时屋面冲刷的也越彻底。Egodawatta 等针对仿真屋面的研究表明,降雨强度对屋面积尘的冲刷具有决定性意义,当降雨强度大于 20 mm/h 时,混凝土与金属屋面积尘在 8 min 内即会被完全冲刷干净。Zhao 等通过对道路积尘冲刷规律的研究发现,在一定范围内,降雨强度越大,道路表面积尘被冲刷出来的比例越高。通过以上研究可以发现,降雨特征,尤其是降雨强度会对冲刷过程造成显著影响。

下垫面类型是影响表面积尘冲刷的另一个重要因素。任玉芬等在北京地区开展的研究表明,不同类型下垫面具有不同的优势污染物,对比道路、屋面与绿地 3 种不同下垫面,可以发现道路径流中重金属 Cu 和 Zn 明显较高,而屋面径流中重金属 Pb 和 Cd 污染程度更重,说明不同类型下垫面的污染物冲刷规律不同。即使是同种类型下垫面,其污染物的冲刷规律也会随着其下垫面的构造深度、坡度等因素而有所差异。Liu 等研究发现,道路表层结构的差异对降雨径流的影响甚至会超过降雨强度的影响,在不同降雨条件下,沥青道路表现为迁移限制型冲刷,而水泥道路则表现为来源限制型冲刷。Gilbert 等对比沥青、铺砖和碎石 3 种材料道路径流时发现,铺砖道路径流中各重金属浓度明显低于沥青道路和碎石道路。下垫面材料对屋面重金属冲刷的影响同样显著。Van 等研究发现沥青屋面积尘是重金属 Pb 的重要来源,而彩钢金属屋面则倾向于产生较多的颗粒态重金属 Zn 和 Cr。Mendez 等研究发现彩钢金属屋面产生的径流中重金属 Zn 的浓度较高,而绿色屋面产生的径流中重金属 Pb 的浓度则较高。可以发现,屋面材料会明显影响其重金属的冲刷与产污负荷。

土地利用类型的差异会导致降雨径流中污染物冲刷规律的不同。Qin 等对深圳不同土地利用类型区域的研究表明,雨水径流的初期冲刷效应强度随地表不透水下垫面比例的变化而变化。常静等对上海市区 4 个不同的功能区(交通区、商业区、居民区、工业区)降雨径流进行采样监测发现,工业区的污染情况仅次于交通区,在研究中必须予以关注。此外,干期天数与季节变化也会对径流水质产生较大影响。干期天数的增加会导致城市积尘与重金属负荷总量的增加,进而提高降雨径流的污染浓度。边博等对镇江道路径流的研究发现,随干期天数的增加,其径流中小粒径颗粒物比例与溶解态污染物的比例明显增加,说明干期天数的增加会改变道路径流的污染物存在形态。Brezonik 等在美国明尼苏达州的监测表明,屋面径流表现出很强的季节性。径流水质的季节性不仅仅是因为干期天数的增加而导致污染物总量的升高。夏季高温强热的条件不仅会加速表层材料的腐蚀,同时还会明显改变其污染形态。车伍等针对北京屋面径流研究发现,沥青油毡屋面夏季径流中 BOD_5、COD 的比例低于冬季,说明污染物生物可利用性有所降低。

现有的研究多关注街尘或者降雨冲刷本身,对街尘与降雨冲刷污染之间的关系认识相对不足,尤其关于不同降雨特征与不同街尘粒径组成交互影响下的降雨冲刷的研究则鲜有报道。利用人工控制试验来模拟街尘冲刷避免了自然降雨条件的不可控因素和不确定性,目前在街尘冲刷行为与下垫面粗糙度、降雨特征、颗粒传输距离、径流颗粒物粒径分布等方面研究的人工控制模拟都取得了较大的进展。这些成果为开展街尘及其负载污染物径流冲刷行为研究提供了基础。

1.2.6 郑州市地表街尘重金属污染的研究现状

2011 年,王晓云选择郑州市作为研究对象,在野外调查采样、室内分析的基础上,对郑州市不同季节地面灰尘中 Cr、Ni、Zn、Pb 和 Cu 的含量水平、空间分布、富集特征、污染状况、健康风险评估等方面开展了对比研究,得出以下主要结论:

(1)郑州市不同季节地面灰尘中 Cr、Cu、Ni、Pb、Zn 含量均超过了对照样,存在不同程度的污染。郑州市春季地表灰尘除 Cr 属中等变异外,其余均为强变异;夏季除 Cr、Cu 属中等变异外,其余也均为强变异。郑州市地表灰尘重金属的来源受外界干扰很大,空间变异很强,这种强变异可归于交通、工业、建筑等强烈人为活动空间分布不均造成的。

(2)从总体上看,郑州市春季地表灰尘中重金属含量略高于夏季,差异不甚明显,而春、夏两季含量均小于冬季。由于冬季属于采暖期,各种燃料燃烧频繁,使得大气颗粒物中所含重金属浓度增加,地表灰尘中所含浓度也随之增加,因此冬季地表灰尘重金属含量略高于其他季节。春季干燥,易于扬尘,故灰尘中重金属含量较高;夏季为非取暖期,且多雨,常出现地面径流,所以重金属含量较低。

(3)通过对郑州市地表灰尘重金属的相关性分析和聚类分析发现,郑州市地表灰尘中重金属主要来源于交通排放及工业的混合污染。

(4)灰尘重金属污染的区域差异比较明显。灰尘中 Cr、Cu、Pb 的污染区主要集中在西部工业区,Ni 污染区主要集中在郑州的西北角,Zn 污染区域主要集中在市中心。

(5)不同重金属在各粒级灰尘中的含量差别较大,且有一定的季节变化。在相同的粒级中进行季节性比较可以看出,三个粒级中,粗颗粒(粒径>0. 25 μm)、中颗粒(粒径在 0. 15~0. 25 μm)、细颗粒(粒径<0. 15 μm)中各重金属含量在冬季均达到最大,且在冬季中,细颗粒所占比例明显高于粗颗粒及中颗粒。在粗颗粒(粒径>0. 25 μm)中,除 Ni 含量夏季高于春季外,其他 4 种元素含量皆为春季>夏季;中颗粒(粒径在 0. 15~0. 25 μm)中 Cr、Pb 两元素含量春季>夏季,其他 3 种重金属元素含量为夏季>春季;细颗粒(粒径<0. 15 μm)中除 Cu 元素含量为夏季>春季外,其余 4 种重金属元素含量为春季>夏季。虽然不同重金属在不同粒级中的含量存在差异,但是由于细颗粒所占灰尘总量的比例最大,春季灰尘中不同粒级中的质量百分数为细颗粒>粗颗粒>中颗粒,而夏、冬两季灰尘中不同粒级中质量百分数为细颗粒>中颗粒>粗颗粒。

(6)在郑州所采集的 90 个样点中所测得的 5 种重金属的非致癌风险 HQ 均小于 1,不同暴露途径的非致癌风险 HQ 也均小于 1,其中经手-口摄入暴露途径的非致癌风险最大,其次为皮肤接触,经呼吸吸入风险最小。重金属非致癌总风险 HI 均小于 1,顺序为 Pb>Cr>Ni>Zn>Cu,对人体基本不会造成健康危害。2 种致癌重金属致癌风险依次为 Cr>Ni,低于癌症风险阈值范围为 10^{-6} ~ 10^{-4},表明致癌风险较低,对人体不会造成健康危害。

2010 年,徐欣选择郑州市、中牟县、韩寺镇和郭辛庄作为研究对象,在野外调查采样、室内分析的基础上,对不同等级城镇地面灰尘中 Cr、Ni、Zn、Pb 和 Cu 的含量水平、空间分布、富集特征、污染状况、潜在生态风险等开展了对比研究。研究结果如下:

(1)郑州市、中牟县和韩寺镇地面灰尘中各个重金属均有不同程度的积累。

郑州市地面灰尘中,Cr、Ni、Zn、Pb 和 Cu 的平均含量分别为 84. 59 mg/kg、37. 60 mg/kg、317. 00 mg/kg、227. 01 mg/kg 和 22. 66 mg/kg,分别为对照区(郭辛庄)重金属平均值的 2. 3 倍、1. 9 倍、7. 3 倍、4. 9 倍和 7. 0 倍;中牟县城地面灰尘 Cr、Ni、Zn、Pb 和 Cu 的平均含量分别为 47. 36 mg/kg、21. 37 mg/kg、179. 05 mg/kg、80. 57 mg/kg 和 12. 40 mg/kg,分别为对照区重金属平均值的 1. 31 倍、1. 05 倍、4. 14 倍、1. 76 倍、3. 84 倍;韩寺镇地面灰尘中 Cr、Ni、Zn、Pb 和 Cu 的平均含量分别为 41. 57 mg/kg、15. 50 mg/kg、67. 89 mg/kg、46. 91 mg/kg 和 2. 11 mg/kg,分别为对照区重金属平均值的 1. 15 倍、0. 76 倍、1. 57 倍、1. 02 倍和 0. 65 倍。地面灰尘中重金属含量随城镇规模的减小而下降,即郑州市>中牟县>韩寺镇>郭辛庄。

(2)郑州市地面灰尘中各个重金属含量的空间分布差异较大,局部污染严重。郑州市三环以内区域地面灰尘中的Zn、Pb和Cu含量较高,其高值中心位于西三环和南三环附近等工业区和交通要道。地面灰尘中Cr和Ni的含量相对较低,但局部含量较高,也存在多个高值中心。Cr的高值中心分布在郑州西绕城公路以及西三环的北端到南端区域;Ni的高值中心分布在郑州西绕城公路和北三环附近区域。郑州市东北部地区的地面灰尘中的重金属含量最低。中牟县城和韩寺镇面积较小,功能分区不甚明显,故地面灰尘中重金属含量空间变异也很明显,但没有规律可循。

(3)地面灰尘颗粒大小悬殊。但以细颗粒(粒径<0.15 μm)部分为主,粗颗粒(粒径>0.25 μm)部分所占比例最少。除灰尘中的Cu外,其他4种重金属(Pb、Zn、Ni、Cr)在不同粒级组中的分布均表现为细颗粒>粗颗粒>中颗粒的特征。其原因除细颗粒比表面大,对重金属吸附能力强外,可能还与中、粗颗粒的矿物组成有关,尚需进一步研究。

(4)以对照区地面灰尘中重金属含量作为背景含量,计算得到不同等级城镇地表灰尘中各个重金属的富集系数也随城镇规模的减小而下降。郑州市地面灰尘中重金属的平均富集系数的大小为:Pb(6.05)>Cu(4.32)>Zn(4.08)>Cr(1.49)>Ni(1.32),其中Pb属于显著富集,Cu和Zn属于中度富集,Cr和Ni属于轻度富集。中牟县地面灰尘中重金属富集系数的大小为:Zn(3.47)>Cu(3.01)> Pb(1.97)>Cr(1.40)> Ni(1.08),其中Zn和Cu中度富集,其他重金属属于轻度富集。韩寺镇地面灰尘中重金属富集系数的大小为:Cr(1.47)> Pb(1.46)> Zn(1.43)> Ni(0.95)> Cu(0.78),其中Cr、Pb和Zn属于轻度富集,其他重金属没有发生富集。总体来说,地面灰尘中的Cr和Ni主要来自城镇周围土壤母质或自然沉积物,是自然源重金属;而Pb、Cu和Zn主要与城市人类活动有关(汽车尾气排放、汽车轮胎和刹车里衬磨损、燃煤和工业生产等),是人为源重金属。

(5)从地面灰尘中重金属地积累情况来看,郑州市地面灰尘重金属污染>中牟县城地面灰尘重金属污染>韩寺镇地面灰尘重金属污染>郭辛庄地面灰尘重金属污染,随着城镇规模的扩大、人口增加和工业积聚增强,地面灰尘重金属污染有增强的趋势。郑州市地面灰尘中的Cu属于较重污染,Zn和Pb属于中度污染,Cr属于轻度污染,Ni属于无污染。中牟县地面灰尘中的Cu属于轻度污染,Zn属于中度污染,Cr和Ni属于无污染状态。而韩寺镇地面灰尘中Pb、Cu、Cr和Ni的地积累指数(除Zn外)都小于0,属于无污染,但是Zn处于轻污染状态。

(6)郑州市、中牟县和韩寺镇地面灰尘中重金属潜在生态危害均为轻微危害。其中,Cr、Ni和Zn的污染指数较低,Pb和Cu的指数较高些。虽然如此,地面灰尘中重金属的潜在生态风险指数仍表现出郑州市>中牟县>韩寺镇>郭辛庄的趋势。

1.3　本书的主要内容

1.3.1　目前研究中存在的问题

通过对现有国内外学者关于城市道路灰尘重金属污染研究的了解及分析,发现仍有需要进一步研究的问题,归纳为以下3点:

(1)对城市灰尘重金属污染特征的分析中,前期学者们的研究主要考虑的是城市道路沉积物,而对于大气干沉降降落至高层建筑物上的高层灰尘的分析较少。由于城市道路中沉积物的来源较为复杂,单一地分析道路灰尘中重金属含量不能够准确地体现大气干沉降的污染情况,有一定的局限性。

(2)在对沉积物中重金属污染源的分析中,前期学者们有的会选用皮尔逊相关系数及主成分因子分析,或者加入对重金属进行聚类分析的结果用于污染源的判定,而有的学者会选择正定矩阵因子分解法、Unmix、CMB 等,但是用这些方法进行相互印证分析的较少。

(3)对于金属元素间空间相关关系的研究较少,在人体健康风险评价方面,关于城市不同功能区内灰尘中重金属对人体造成健康风险的空间差异分析较少。

(4)有关粒径在街尘和径流污染中的关键作用正备受关注,然而多数研究集中在街尘与径流中粒径分布及其污染物的关系等,对街尘中被降雨冲刷进入径流的那部分粒径的定量化研究还有待深入。

(5)具体到郑州市街尘的研究来说,虽然对郑州市近地面灰尘的污染特征有一定的整体认识,但是对不同功能区的污染特征关注较少,不同功能区的近地面街尘重金属污染特征以及对人体健康风险的研究还有待深入。

1.3.2　本书的内容框架

为综合评价郑州市灰尘重金属的污染现状及风险特征,本书对城市 5 个不同功能区内道路沉积物样本及某些采样点处大气干沉降沉淀到中高层高度的样本进行重金属污染分析。结合研究背景、国内外研究现状与存在的问题,以研究目标为导向,提出以下研究内容。

1.3.2.1　城市不同功能区重金属分布特征

根据测定的道路沉积物和近地表高层灰尘中 8 种重金属的含量,利用描述统计和空间分析的方法,研究郑州市研究区内不同功能区重金属分布特征。富集了重金属的大气颗粒物在干沉降的作用下沉积至近地表,在具有高层建筑物的地点沉降至高层平台表明,本书对沉积物中重金属含量在垂直方向的变化情况进行分析。

1.3.2.2　灰尘重金属污染源分析

根据不同采样点道路灰尘样本中各金属含量的差异分析道路重金属元素间空间相关关系,基于皮尔逊相关系数、主成分分析、正定矩阵因子分解法等多种方法对各个重金属的污染源进行识别和测定,并量化各污染源贡献值。对近地表中高层灰尘重金属进行同源研究,对高层灰尘样本中重金属来源与道路灰尘重金属污染源进行对比分析。

1.3.2.3　人体健康风险评价

人体进行户外活动时,暴露于城市灰尘中,其中的重金属可对人体健康造成致癌风险和非致癌风险。本书采用美国环保局提出的人体健康风险评价模型,对人体通过摄食、口鼻呼吸、外露皮肤接触等方式暴露于所研究的 8 种重金属时产生的健康风险进行评价。为郑州市不同功能区大气环境治理、市政道路清洁及居民防护措施的采取提供数据和理论支撑。

1.3.2.4　地表重金属对地表径流的污染负荷

天然降雨随机性很强,很难控制其降雨特征,对通过构建径流迁移模型来核算径流污染负荷有很大的限制性,通过人工模拟降雨,控制降雨强度、历时、场次和选择影响街尘迁移行为的参数。基于不同粒径测量出其在不同条件下的迁移能力,再结合研究区域不同粒径颗粒物的分布量和污染物浓度计算研究区域的径流潜在污染负荷。

第2章 研究区域概况与样本处理

2.1 研究区域概况

2.1.1 自然地理概况

郑州市地形比较复杂,总趋势是西南高、东北低,西南部登封市境内玉寨峰海拔高程1 512 m,中部低山丘陵区海拔高程一般为150~300 m,东部平原地势平坦,海拔一般小于100 m,最低处只有72 m,境内高低相差1 440 m。其地貌横跨我国第二级和第三级地貌台阶。全市山区面积2 375.4 km^2,占总面积的31.9%;丘陵区面积2 256.2 km^2,占总面积的30.3%;平原面积2 814.7 km^2,占总面积的37.8%。郑州市属北温带大陆性季风气候,冷暖气团交替频繁,四季分明。植被种类繁多,资源丰富。林木主要有材林、经济林和薪炭林等200多种,林地覆盖率为10.9%。农作物主要有小麦、玉米和水稻。

郑州市地跨黄河、淮河两大流域,总面积7 446.3 km^2。黄河流域包括巩义市、上街区全部,荥阳市、惠济区一部分、金水区一小部分及中牟县、新密市、登封市一小部分,面积2 011.8 km^2,占全市总面积的27%;淮河流域包括新郑市、中原区、二七区、管城区全部,新密市、登封市、荥阳市、中牟县、金水区和惠济区的大部,面积5 434.5 km^2,占全市总面积的73%。全市有大小河流124条,流域面积较大(≥100 km^2)的河流有29条,其中黄河流域6条,淮河流域23条。过境河道有黄河、伊洛河,多年平均过境总水量444.1亿m^3(黄河花园口站),其中伊洛河过境水量31.4亿m^3(黑石关站)。郑州市多年平均降水量(1956—2015年)为640.0 mm,折合水体为47.65亿m^3。郑州市全区系列中年最大降水量为1964年年降水量1 070.1 mm,最小年降水量为1997年年降水量395.0 mm。行政分区中,新密市多年平均降水量最大,为693.0 mm,降水总量6.78亿m^3;巩义市多年平均降水量最小,为607.4 mm,降水总量6.32亿m^3。郑州市各地多年平均降水量变幅在600~700 mm。

郑州市多年平均水资源总量13.233 7亿m^3,产水模数17.772 2万m^3/km^2,产水系数0.279 6。其中,多年平均地表水资源量7.036 0万m^3,折合径流深94.49 mm;多年平均浅层地下水资源量为7.723 2亿m^3。考虑地表水现状水质情况下,郑州市水资源可利用总量为5.810 1亿m^3,为郑州市水资源总量13.233 7亿m^{3}的39.14%。

2.1.2 社会经济概况

郑州市地处华北平原南部、黄河中下游、河南省中部偏北。郑州市现辖6区5市1县及郑州航空港经济综合实验区、郑东新区、郑州经济技术开发区、郑州高新技术产业开发区,全市总面积7 446 km^2。自20世纪80年代以来,郑州市人口增长相对比较平稳,但

2010年的人口增长率相对较高，达到了15.16%，到2010年底，总人口数为866.1万人，人口密度1 163人/ km^2。2011年后平均以1.95%的速度增长，到2015年底郑州市总人口956.9万人，其中城镇人口666.9万人，农村人口290万人，分别占总人口的69.69%和30.31%，人口自然增长率为5.78‰。

进入21世纪，虽然郑州市的生产总值增速逐渐有所放缓，但是各方面经济仍然得到了快速的发展。2015年全市生产总值达到7 315.2亿元，与2014年相比，增长了7.8%；人均生产总值76 447元，比上年增长5.7%。其中，第一产业增加值为151亿元，增长率为3.0%；第二产业增加值为3 625.5亿元，增长率为9.4%；第三产业增加值为3 538.7亿元，增长率为11.4%。从产业结构分析，2015年第一、第二和第三产业分别占GDP的2.1%、49.5%和48.4%，可以看出第二、第三产业占GDP的比重相对较大，而第一产业占GDP的比重相对较小。

作为河南省省会，郑州市不仅是中国中部地区的大都市，也是国家重要的综合交通枢纽和物流贸易中心。全球化和创新型社会建设为城市发展提供了越来越多的条件，郑州的地理、自然禀赋、政治、制度、历史和经济结构也继续在吸引更多的人来郑州旅游或定居方面发挥着关键作用。截至2019年12月，全市常住人口1 035.2万人，注册机动车450多万辆，非机动车300多万辆。因此，由过度的人类活动和交通拥堵所造成的城市道路环境问题是不可避免的。

2.1.3　重金属污染概况

河南省地质科学研究所蔡春楠等通过对郑州市土壤、降尘、积尘中元素含量对比分析研究，结果显示在郑州市除元素As外，降尘中其他元素变异系数较小，都在0.5以下，表明这些元素在空间上分布较均匀；此外，统计结果还表明，降尘中Se、Zn、Pb、Cu、Hg、F、As、Cr含量均值均高于土壤均值，而Mn、Ca低于土壤均值，可能由于Mn为黏土吸附而富集于土壤中。但是郑州市积尘中元素变异系数明显偏大，Hg、Pb、Zn、Se都在1.2以上，表明这些元素在空间上分布极不均匀，其他元素分析系数在0.5以下。积尘中元素含量平均值明显高于降尘（除As、Se、F外），表明重金属元素在积尘中具有累积的趋势。此外，积尘中Hg、Pb、Zn、Se、Cu、Ca、F、As、Cr含量都高于土壤均值，其中积尘中Hg与土壤中的Hg相差最大，已经达到67.4倍，而Mn与土壤中含量相差不大。郑州市降尘、积尘的主要来源为工业污染、农业施肥、居民生活污染、垃圾废弃、建筑垃圾以及地表扬尘。针对郑州市积尘样中Pb、Cu、Cr、Cd、As、Hg进行了相关形态分析，分析结果显示：Hg元素残渣态占全量的91.4%、Cr残渣态占全量的68%、As残渣态占全量的54%，这类元素对环境以及人类健康的威胁主要集中在可吸入的细小颗粒中，因此有必要进一步查明残渣态的粒径；而Pb、Cd、Zn的碳酸盐结合态比其他重金属的明显偏高，Pb碳酸盐结合态占全量的30%左右，容易受到环境的影响而改变，在酸性环境中极易迁移，从而影响环境质量，必须警惕这些元素对环境的影响。总体来说，积尘中重金属的水溶态和离子交换态所占比例都不高，而Pb、Cd、Zn比其他重金属明显存在安全隐患。但因郑州市区土壤环境是弱碱性环境，对酸雨有较强的缓冲能力，所以目前重金属不至于危害生态环境。

2.2 采样与分析

2.2.1 采样点的选择

从功能区的总体布局来看,郑州市作为人口和商业发展迅速的城市,商业区[Commercial Area (CA)]、公园区[(Park Area (PA)]和居民区[Residential Area(RA)]较多,教育区[Educational Area (EA)]和工业区(IA)较少。通过分析研究区基本信息,确定了29个具有典型特征的采样点,如图2-1所示。其中包含了7个CA、7个PA、6个RA、5个EA和4个IA。为全面了解郑州市各研究点的污染情况,本研究于2019年6月在郑州市5个不同功能区的29个采样点(每个采样点3个次样本)共采集了87个道路灰尘样本。对于郑州市不同功能区近地面灰尘中重金属含量的垂直分布研究,结合采样过程的可实施性,在8个研究点(包括EA1、EA2、RA1、CA1和CA2中3个次样本,EA3、EA4和EA5中一个采样点,共18个样本点)共采集了18个高层灰尘样品。

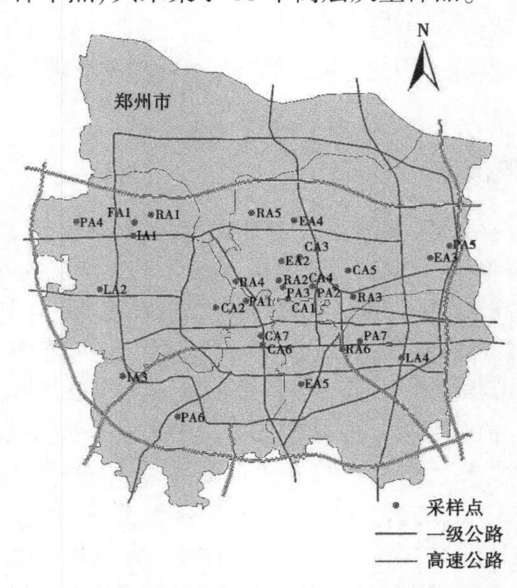

图2-1 河南省郑州市道路灰尘样本采样点布置

2.2.2 样本采集及处理

所有道路灰尘沉积物样本均在路旁约10 m范围内收集,高层样本在25~30 m的高层建筑屋顶上10 m^2范围内采集,每个样品的重量均大于100 g。由于前期干旱时长会影响沉积物颗粒的粒径组成和浓度,所有分析样品均在至少3 d干燥天气后采集。用塑料刷和簸箕收集灰尘,用干净的毛刷将灰尘从簸箕中转移到自密封的聚乙烯袋中。每次取样后都要清洗取样工具,避免刷子和簸箕中残留的灰尘与新采集的样品混合,防止样品间的污染,提高样品的质量。在分析之前,将贴标后的密封样品尽快送往实验室,保存在4 ℃的冰箱中。

细粒度的表面灰尘沉积物可能是重金属元素的良好载体,本研究中所有灰尘样本风干后均通过100目筛(<150 μm)去除所有杂质,包括石头、树叶和毛发等。这部分颗粒能够在大气中停留相当长的时间,重金属比例较大,其对人体健康造成的最大风险可被考虑在内。赵等对街道灰尘粒径分布的研究表明,中心城区道路灰尘沉积物粒径的中值,即d_{50},小于149 μm。然后将筛分后的灰尘样本转移到新的自密封聚乙烯袋中,分析以前都在4 ℃下保存。根据前期学者对重金属的特征及对人体的潜在健康风险的评估,本书选用7种典型的金属和一种具有金属化学性质的致癌非金属元素As进行研究,测定所有灰尘样本中Cd、Cr、Cu、Hg、Ni、Pb、Zn、As的浓度值。

2.2.3　样本中重金属的测定

通常认可的重金属分析方法有紫外可见光分光光度法(UV)、原子吸收光谱法(AAS)、原子荧光法(AFS)、电感耦合等离子体法(ICP)、X射线荧光光谱法(XRF)、电感耦合等离子体质谱法(ICP-MS)。日本和欧盟国家有的采用电感耦合等离子质谱法(ICP-MS)分析,但对国内用户而言,仪器成本高;也有的采用X射线荧光光谱(XRF)分析,优点是无损检测,可直接分析成品,但检测精度和重复性不如光谱法。最新流行的检测方法——阳极溶出伏安法,检测速度快,数值准确,可用于现场等环境应急检测。

2.2.3.1　原子吸收光谱法(AAS)

原子吸收光谱法是20世纪50年代创立的一种新型仪器分析方法,它与主要用于无机元素定性分析的原子发射光谱法相辅相成,已成为对无机化合物进行元素定量分析的主要手段。

原子吸收分析过程如下:

(1)将样品制成溶液(空白);

(2)制备一系列已知浓度的分析元素的校正溶液(标样);

(3)依次测出空白及标样的相应值;

(4)依据上述相应值绘出校正曲线;

(5)测出未知样品的相应值;

(6)依据校正曲线及未知样品的相应值得出样品的浓度值。

现在计算机技术、化学计量学的发展和多种新型元器件的出现使原子吸收光谱仪的精密度、准确度和自动化程度大大提高。用微处理机控制的原子吸收光谱仪,简化了操作程序,节约了分析时间。现在已研制出气相色谱-原子吸收光谱(GC-AAS)的联用仪器,进一步拓展了原子吸收光谱法的应用领域。

2.2.3.2　紫外可见光分光光度法(UV)

紫外线可见光分光光度法的检测原理:重金属与显色剂通常为有机化合物,可与重金属发生络合反应,生成有色分子团,溶液颜色深浅与浓度成正比。在特定波长下,比色检测。

分光光度分析有两种:一种是利用物质本身对紫外及可见光的吸收进行测定;另一种是生成有色化合物,即“显色”,然后测定。虽然不少无机离子在紫外和可见光区有吸收,但因一般强度较弱,所以直接用于定量分析的较少。加入显色剂使待测物质转化为在紫外和可见光区有吸收的化合物来进行光度测定,这是目前应用最广泛的测试手段。显色剂分为无机显色剂和有机显色剂,而以有机显色剂使用较多。大多数有机显色剂本身为有色化合物,与金属离子反应生成的化合物一般是稳定的螯合物。显色反应的选择性和灵敏度都较高。有些有色螯合物易溶于有机溶剂,可进行萃取浸提后比色检测。近年来形成多元配合物的显色体系受到关注。多元配合物是指3个或3个以上组分形成的配合物。利用多元配合物的形成可提高分光光度测定的灵敏度,改善分析特性。显色剂在前处理萃取和检测比色方面的选择和使用是近年来分光光度法的重要研究课题。

2.2.3.3 原子荧光光谱法(AFS)

原子荧光光谱法是通过测量待测元素的原子蒸气在特定频率辐射能级以下所产生的荧光发射强度,以此来测定待测元素含量的方法。

原子荧光光谱法虽是一种发射光谱法,但它和原子吸收光谱法密切相关,兼有原子发射和原子吸收两种分析方法的优点,又克服了两种方法的不足。原子荧光光谱具有发射谱线简单、灵敏度高于原子吸收光谱法、线性范围较宽、干扰少的特点,能够进行多元素同时测定。原子荧光光谱仪可用于分析Hg、As、Sb、Bi、Se、Te、Pb、Sn、Ge、Cd、Zn等11种元素。现已广泛用于环境监测、医药、地质、农业、饮用水等领域。在国标中,食品中As、Hg等元素的测定标准中已将原子荧光光谱法定为第一法。

气态自由原子吸收特征波长辐射后,原子的外层电子从基态或低能态会跃迁到高能态,同时发射出与原激发波长相同或不同的能量辐射,即原子荧光。原子荧光的发射强度与原子化器中单位体积中该元素的基态原子数成正比。当原子化效率和荧光量子效率固定时,原子荧光强度与试样浓度成正比。

现已研制出可对多元素同时测定的原子荧光光谱仪,它以多个高强度空心阴极灯为光源,以具有很高温度的电感耦合等离子体(ICP)作为原子化器,可使多种元素同时实现原子化。多元素分析系统以ICP原子化器为中心,在周围安装多个检测单元,与空心阴极灯一一成直角对应,产生的荧光用光电倍增管检测。光电转换后的电信号经放大后,由计算机处理就获得各元素分析结果。

2.2.3.4 电化学法——阳极溶出伏安法

电化学法是近年来发展较快的一种方法,它以经典极谱法为依托,在此基础上又衍生出示波极谱法、阳极溶出伏安法等方法。电化学法的检测限较低,测试灵敏度较高,值得推广应用。如国标中Pb的测定方法中的第五法和Cr的测定方法的第二法均为示波极谱法。

阳极溶出伏安法是将恒电位电解富集与伏安法测定相结合的一种电化学分析方法。这种方法一次可连续测定多种金属离子,而且灵敏度很高,能测定10^{-9}~10^{-7} mol/L的金属离子。此法所用仪器比较简单,操作方便,是一种很好的痕量分析手段。我国已经颁布了适用于化学试剂中金属杂质测定的阳极溶出伏安法国家标准。

阳极溶出伏安法测定分两个步骤。第一步为“电析”,即在一个恒电位下,将被测离子电解沉积,富集在工作电极上与电极上Hg生成汞齐。对给定的金属离子来说,如果搅拌速度恒定,预电解时间固定,则$m=Kc$,即电积的金属量与被测金属离子的浓度成正比。第二步为“溶出”,即在富集结束后,一般静止30 s或60 s后,在工作电极上施加一个反向电压,由负向正扫描,将汞齐中金属重新氧化为离子回归溶液中,产生氧化电流,记录电压-电流曲线,即伏-安曲线。曲线呈峰形,峰值电流与溶液中被测离的浓度成正比,可作为定量分析的依据，峰值电位可作为定性分析的依据。

示波极谱法又称“单扫描极谱分析法”。一种极谱分析新方法。它是一种快速加入电解电压的极谱法。常在滴汞电极每一汞滴成长后期，在电解池的两极上，迅速加入一锯齿形脉冲电压，在几秒钟内得出一次极谱图，为了快速记录极谱图，通常用示波管的荧光屏作显示工具，因此称为示波极谱法。其优点是快速、灵敏。

2.2.3.5　X 射线荧光光谱法(XRF)

X 射线荧光光谱法是利用样品对 X 射线的吸收随样品中的成分及其多少变化而变化来定性或定量测定样品中成分的一种方法。它具有分析迅速、样品前处理简单、可分析元素范围广、谱线简单、光谱干扰少、试样形态多样性及测定时的非破坏性等特点。它不仅用于常量元素的定性和定量分析，而且可进行微量元素的测定，其检出限多数可达 10^{-6}。与分离、富集等手段相结合，可达 10^{-8}。测量的元素范围包括周期表中从 F~U 的所有元素。多道分析仪在几分钟之内可同时测定 20 多种元素的含量。

X 射线荧光光谱法不仅可以分析块状样品，还可对多层镀膜的各层镀膜分别进行成分和膜厚的分析。

当试样受到 X 射线、高能粒子束、紫外光等照射时，由于高能粒子或光子与试样原子碰撞，将原子芯电子逐出形成空穴，使原子处于激发态，这种激发态离子寿命很短，当外层电子向内层空穴跃迁时，多余的能量即以 X 射线的形式放出，并在较外层产生新的空穴和产生新的 X 射线发射，这样便产生一系列的特征 X 射线。特征 X 射线是各种元素固有的，它与元素的原子系数有关。所以只要测出了特征 X 射线的波长 λ，就可以求出产生该波长的元素，即可做定性分析。在样品组成均匀，表面光滑平整，元素间无相互激发的条件下，当用 X 射线(一次 X 射线)做激发原照射试样，使试样中元素产生特征 X 射线(荧光 X 射线)时，若元素和试验条件一样，荧光 X 射线强度与分析元素含量之间存在线性关系。根据谱线的强度可以进行定量分析

2.2.3.6　电感耦合等离子体质谱法(ICP-MS)

ICP-MS 的检出限给人极深刻的印象，其溶液的检出限大部分为 ppt 级，实际的检出限不可能优于实验室的清洁条件。必须指出，ICP-MS 的 ppt 级检出限是针对溶液中溶解物质很少的单纯溶液而言的，若涉及固体中浓度的检出限，由于 ICP-MS 的耐盐量较差，ICP-MS 检出限的优点会变差多达 50 倍，一些普通的轻元素(如 S、Ca、Fe、K、Se)在 ICP-MS 中有严重的干扰，也将恶化其检出限。

ICP-MS 由作为离子源的 ICP 焰炬、接口装置和作为检测器的质谱仪 3 部分组成。ICP-MS 所用电离源是感应耦合等离子体(ICP)，其主体是一个由 3 层石英套管组成的炬管，炬管上端绕有负载线圈，3 层管从里到外分别为通载气、辅助气和冷却气，负载线圈由高频电源耦合供电，产生垂直于线圈平面的磁场。如果通过高频装置使氩气电离，则氩离子和电子在电磁场作用下又会与其他氩原子碰撞产生更多的离子和电子，形成涡流。强大的电流产生高温，瞬间使氩气形成温度可达 10 000 K 的等离子焰炬。被分析样品通常以水溶液的气溶胶形式引入氩气流中，然后进入由射频能量激发的处于大气压下的氩等离子体中心区，等离子体的高温使样品去溶剂化，汽化解离和电离。部分等离子体经过不同的压力区进入真空系统，在真空系统内，正离子被拉出并按照其质荷比分离。在负载线

圈上面约 10 mm 处,焰炬温度大约为 8 000 K,在这么高的温度下,电离能低于 7 eV 的元素完全电离,电离能低于 10.5 eV 的元素电离度大于 20%。由于大部分重要的元素电离能都低于 10.5 eV,因此都有很高的灵敏度,少数电离能较高的元素,如 C、O、Cl、Br 等也能检测,只是灵敏度较低。

本研究中为测定样本中 Cr、Ni、Cu、Zn、As、Cd、Pb 的含量,从筛分后的样本中选取 0.1 g 灰尘,置于 50 mL 聚四氟乙烯消解罐中,加入 HNO_3(5 mL)于 120 ℃在通风柜的石墨消解仪上不加盖加热 30 min,再加入 HF(3 mL)-$HClO_4$(2 mL)后加盖于 140 ℃加热 2 h,然后开盖,于 160 ℃继续加热除硅,至内容物呈黏稠状。待提取样品冷却后加入 HCl(0.5 mL)溶解未消解残渣,放置一会儿,将罐内消解液转移到 25 mL 比色管中,用超纯水至少清洗 3 次消解罐杯盖内壁和罐内的残留溶液,将清洗液一并移到比色管中,最后用超纯水定容。比色管加塞后摇匀静置 24 h 以上,取溶液在电感耦合等离子体质谱(ICP-MS Agilent 7700X)上进行浓度测定。取过 100 目筛的灰尘样本 0.5 g 于 50 mL 具塞比色管中,依次加入 10 mL 超纯水和王水的混合物[超纯水:王水(HCl:HNO_3=3:1)=1:1]。加塞摇匀后在 100 ℃的有盖电热恒温水浴锅中消解 2 h(中间每半小时摇动一次,注意塞子弹出情况),然后取下冷却,用超纯水稀释到刻度线,定容后加盖摇匀放置。本书采用原子荧光光谱法(AFS)测定 Hg 金属含量。消解试验中用到的所有比色管、消解罐均在 10% 盐酸中浸泡 24 h 以上后捞起过自来水、桶装水、超纯水后烘干使用。沸水浴中用到的比色管在使用前需要用王水空煮后清洗时用,避免污染。

2.3 质量保证与质量控制

样本分析的过程中,为保证试验的准确性和精密度,对 10%的平行样本(N=11)、10%的标准物质(N=13)、2%的空白样本(N=4)进行了相同的处理。其中,用于土壤化学成分(GSS 1-31)系列研究的标准物质(CRMs),是由中国地质科学院物理地球化学勘测所研发的,主要作为我国地质、地球化学、矿产调查和质量监测的参考标准。本研究选择山西洛川黄土(GSS-8)(N=5)、辽河平原土壤(GSS-11)(N=5)和华北平原土壤(GSS-13)(N=3)进行质量保证与质量控制。各标准物质中元素的浓度水平和本研究中测定的水平见表 2-1。检出限(LOD)是指样品按照分析方法的要求进行提取处理并检测,能区分于噪声的最低检出浓度,对应的响应值至少为噪声的 3~5 倍;定量限(LOQ)是指样品中被测物能被定量测定的最低量,对应的信噪比为 10:1。本研究中测定方法的 LOD、LOQ 以及平行样本的重复性(以相对标准偏差 RSD,% 表示)如表 2-1 所示。数据分析过程中,建立标准曲线的相关系数大于 0.999,并且每 20 个样本分析一个标准曲线的中间浓度点。分析结果表明,测定结果与实际浓度之间的 RSD 值小于 10%;最后对标准曲线进行零分析发现结果与实际浓度值的相对偏差小于 30%。由表 2-1 可知,试验中平行样本的测定结果满足各元素浓度的 RSD 值小于 30%的要求,CRMs 的含量检测值在认证值的不确定性范围内。此外,空白样品中的重金属含量明显低于试验方法的 LOD 值,符合国家试验标准,试验数据具有可信度。

表 2-1 试验质保和质控过程中所用标准物质(CRMs)中元素的浓度水平和本研究中的测定值及其他参数值 单位:mg/kg

重金属			Cr	Ni	Cu	Zn	As	Cd	Pb	Hg
GSS-8 (GBW 07408)	CRM	SV	68	31.5	24.3	68	12.7	0.13	21	0.017
		U	6	1.8	1.2	4	1.1	0.02	2	0.003
	检测值 (N=5)		64,70,71,63,70	32.1,30.8,31.2,30.9,32.0	24.9,23.8,24.4,23.7,24.4	68,65,70,66,71	13.2,11.9,12.4,12.0,13.3	0.13,0.15,0.14,0.13,0.14	20,22,20,20,23	0.014,0.018,0.017,0.016,0.019
GSS-11 (GBW 07425)	CRM	SV	59	25.4	21.4	65	7.4	0.125	24.7	0.060
		U	3	1.3	1.2	5	0.5	0.012	1.4	0.009
	检测值 (N=5)		58,62,59,57,60	24.7,25.6,25.1,24.8,26.0	21.3,21.6,20.7,21.0,21.7	67,63,65,64,68	7.7,7.5,6.9,7.1,7.6	0.118,0.134,0.127,0.119,0.128	25.8,24.9,23.6,24.5,24.9	0.064,0.063,0.056,0.059,0.064
GSS-13 (GBW 07427)	CRM	SV	65	28.5	21.6	65	10.6	0.13	21.6	0.052
		U	2	1.2	0.8	3	0.8	0.01	1.2	0.006
	检测值 (N=3)		66,64,66	28.1,28.7,27.9	22.1,20.9,22.0	68,63,67	10.2,10.8,9.9	0.14,0.13,0.13	22.3,22.4,20.6	0.053,0.047,0.056
方法检出限			2	1	0.6	1	0.4	0.09	2	0.002
方法定量限			8	4	2.4	4	1.6	0.36	8	0.008
平行样本的相对标准偏差			7.31%	5.87%	11.77%	8.84%	10.31%	5.89%	9.85%	12.79%

第3章 近地表沉积物中重金属污染特征

3.1 近地表沉积物中重金属的危害

3.1.1 重金属的危害特性

大气沉降是指大气中的污染物通过一定的途径被沉降至地面或水体的过程,分为干沉降和湿沉降。干沉降是经由一种非降雨的方式将污染物从大气移至地表上,主要分为三个步骤:空气动力传送、边界层的传送以及污染物和表面接受材质的作用。

本书主要依据的大气干沉降产物机制主要是大气中的各种悬浮粒子吸附了重金属等污染物,由于空气流动、粒子富集等作用以其自身末速度发生沉降。对于城市来说,大气干沉降降落至水体表面及土壤表面的物质难以收集辨别,尤其是城市内水体表面面积较小。因此,本研究的研究对象主要是城市不透水沥青道路表面上的灰尘,它不仅是城市大气干沉降的产物,也是城市地表人类活动的作用物,同时在再悬浮作用下,它也是城市大气中污染物的来源。此外,城市道路灰尘中污染物对道路周边土壤及降雨时的接收水体也有一定的不利影响。

从环境污染方面所说的重金属,实际上主要是指 Hg、Cd、Pb、Cr、As 等金属或类金属,也指具有一定毒性的一般重金属,如 Cu、Zn、Ni、Co、Sn 等。我们从自然性、毒性、活性和持久性、生物可分解性、生物累积性、对生物体作用的加和性等几个方面对重金属的危害特性稍做论述。

3.1.1.1 自然性

长期生活在自然环境中的人类,对于自然物质有较强的适应能力。有人分析了人体中 60 多种常见元素的分布规律,发现其中绝大多数元素在人体血液中的百分含量与它们在地壳中的百分含量极为相似。但是,人类对人工合成的化学物质的耐受力则要小得多。所以区分污染物的自然或人工属性,有助于估算它们对人类的危害程度。Pb、Cd、Hg、As 等重金属,是由于工业活动的发展,引起在人类周围环境中的富集,通过大气、水、食品等进入人体,在人体某些器官内积累,造成慢性中毒,危害人体健康。

3.1.1.2 毒性

决定污染物毒性强弱的主要因素是其物质性质、含量和存在形态。例如 Cr 有二价、三价和六价 3 种形式,其中六价铬的毒性很强,而三价铬是人体新陈代谢的重要元素之一。在天然水体中一般重金属产生毒性的范围为 1~10 mg/L,而 Hg、Cd 等产生毒性的范围为 0.01~0.001 mg/L。

3.1.1.3 时空分布性

污染物进入环境后,随着水和空气的流动,被稀释扩散,可能造成点源到面源更大范围的污染,而且在不同空间的位置上,污染物的浓度和强度分布随着时间的变化而不同。

3.1.1.4　活性和持久性

活性和持久性表明污染物在环境中的稳定程度。活性高的污染物质,在环境中或在处理过程中易发生化学反应,毒性降低,但也可能生成比原来毒性更强的污染物,构成二次污染。如 Hg 可转化成甲基汞,毒性很强。与活性相反,持久性则表示有些污染物质能长期地保持其危害性,如重金属 Pb、Cd 等都具有毒性且在自然界难以降解,并可产生生物蓄积,长期威胁人类的健康和生存。

3.1.1.5　生物可分解性

有些污染物能被生物所吸收、利用并分解,最后生成无害的稳定物质。大多数有机物都有被生物分解的可能性,而大多数重金属都不易被生物分解,因此重金属污染一旦发生,治理更难,危害更大。

3.1.1.6　生物累积性

生物累积性包括两个方面:一是污染物在环境中通过食物链和化学物理作用而累积。二是污染物在人体某些器官组织中由于长期摄入的累积。如 Cd 可在人体的肝、肾等器官组织中蓄积,造成各器官组织的损伤。又如 1953—1961 年发生在日本的水俣病事件,无机汞在海水中转化成甲基汞,被鱼类、贝类摄入累积,经过食物链的生物放大作用,当地居民食用后中毒。

3.1.1.7　对生物体作用的加和性

多种污染物质同时存在,对生物体相互作用。污染物对生物体的作用加和性有两类:一类是协同作用,混合污染物使其对环境的危害比污染物质的简单相加更为严重;另一类是拮抗作用,污染物共存时使危害互相削弱。

3.1.2　不同类型重金属的污染机制

城市道路灰尘的危害主要表现在两个方面:一方面,受气流作用的影响,道路灰尘被扬起漂浮于大气中,容易通过呼吸系统进入人体呼吸道从而影响人体健康。另一方面,道路灰尘受到城市工业活动、交通、建设等影响,重金属、有机污染物等有害物质经降水作用进入地表径流并深入土壤中,进而影响生物圈,有害物质经过食物链传播在动植物体内大量富集,对动植物生长造成危害。由于重金属具有长期潜伏性、不易降解性、容易积聚等特点,因此灰尘中重金属的研究较为广泛。

3.1.2.1　Cu 的污染危害

道路灰尘中的 Cu 主要来源有汽车刹车碎片的磨损、燃料的燃烧等。Cu 元素分布于人体的各大器官,是人体维持生命的重要元素,当人体内摄入的 Cu 元素不足时,会影响人体生长的正常发育;当人体内摄入的 Cu 元素过量时,会导致急性 Cu 中毒,产生腹泻、皮疹、呕吐等现象,大量的 Cu 在肝脏中积累会诱发贫血症等疾病。同时 Cu 元素也是植物生长所需要的重要元素,当 Cu 过量或缺少时都不利于植物生长。

3.1.2.2　Zn 的污染危害

道路灰尘中的 Zn 主要来源有轮胎添加剂、金属腐蚀、润滑油添加剂等。Zn 元素是动植物以及人体生长所必需的微量元素,过量的 Zn 进入植物体内后会损害其根系,影响植物生长。日常饮食时,Zn 元素被摄入人体内,当人体内 Zn 元素不足时,会引发很多疾病;摄入过量时也会对身体造成很大危害,严重时会引起 Zn 中毒,引发呕吐、腹泻、冠心病、高血压等疾病,并且增加患癌风险。

3.1.2.3 Pb 的污染危害

道路灰尘中的 Pb 主要来源有矿山开采、金属冶炼、汽油和煤炭的焚烧等。Pb 元素是一种具有毒性的元素,对人体以及动植物具有一定的毒害作用,Pb 元素通过消化道和呼吸道进入人体,在人体血液中的正常含量为 0.04 mg/L 以内,保持着动态平衡。摄入过量时,会引起人体生长发育缓慢,智力下降,毒害人体器官、骨骼和神经系统,从而引起神经紊乱、四肢麻痹、心脏供血不足、肝肿大、肝硬化、免疫力下降等疾病,严重危害人体健康。Pb 元素对植物的影响也很大,因 Pb 元素本身具有毒性,在植物体内大量积聚后,会引起植物本身原有的叶绿素减少,光合作用减弱,阻碍植物的生长。

3.1.2.4 Cr 的污染危害

道路灰尘中的 Cr 主要来源于工业活动,如 Cr 的开采、冶炼、金属加工、油漆、印染等行业的排放。Cr 元素是一种植物生长所需的重要元素,适量的 Cr 对植物生长有一定的促进作用,可以提高其产量,但当 Cr 元素浓度过高时会对植物生长产生抑制作用。Cr 的过量摄入会引起死亡,主要由于人体内吸收了过量的铬酸或铬酸盐,导致肾脏肝脏神经系统和血液的疾病;此外,人体内的六价铬还具有制突变性和潜在致癌性。

3.1.2.5 Cd 的污染危害

Cd 污染也是当今所有重金属污染中覆盖面最广、影响最大的重金属元素之一,人类通常经由进食、饮水和呼吸摄入 Cd 元素。有研究表明,人体内的 Cd 有 10%~30%是通过呼吸道进入的,2%~5%是通过消化道进入的。当体内摄入了过量的 Cd 后,骨骼中的 Ca 元素会被置换,从而造成骨骼软化变形。

3.2 重金属污染评价方法

3.2.1 地累积污染指数评价

地累积指数(Index of Geoaccumulation)是 20 世纪 60 年代末期由德国科学家 Müller 提出并在欧洲发展起来的,又被称为 Müller 指数。该指数不仅考虑了自然地理过程中背景值的影响,还考虑了人类活动对重金属污染的影响。Müller 指数一直以来持续不断地被很多学者用于定量评价土壤和道路沉积物及其他物质中重金属的污染水平。其表达式如下:

$$I_{geo} = \log_2(C_n/KB_n) \tag{3-1}$$

式中:C_n 为沉积物样本中测定的元素 n 的浓度含量;B_n 为该元素的地球化学背景值,为了准确计算,这里以成杭新等得出的郑州市土壤地球化学背景值中重金属元素含量作为参考,两者均为浓度值,计算时应统一单位。在之前的评价过程中,研究者只考虑了人为污染因素和环境地球化学背景值,而地累积指数法在此基础上充分考虑了自然成岩作用引起背景值的变动,修正系数 K 的取值就体现了这一点,它是考虑各地沉积特征及岩石地质的差异影响背景值变动而存在的系数,本文取 $K=1.5$。Müller 指数评价标准如表 3-1 所示。

表 3-1　地累积指数(I_{geo})的污染类别评价标准

I_{geo} 值	$I_{geo}<0$	$0\leq I_{geo}<1$	$1\leq I_{geo}<2$	$2\leq I_{geo}<3$	$3\leq I_{geo}<4$	$4\leq I_{geo}<5$	$5\leq I_{geo}$
污染等级	0	1	2	3	4	5	6
污染程度	无污染	轻度-中度污染	中度污染	中-强度污染	强污染	强-极严重污染	极严重污染

3.2.2　污染指数(PI)及污染负荷指数(PLI)评价

污染指数(Polltion Index)是可以评估城市道路灰尘中重金属污染程度的污染因子,通过比较沉积物中重金属含量与背景土壤中重金属的含量来评价某一元素的污染程度。该指标计算公式如下:

$$PI = C_n/B_n \tag{3-2}$$

式中:C_n 和 B_n 与前面提到的含义相同。污染指数对于重金属污染等级的评价标准指标分为 5 类:无污染($PI<1$)、低污染($1\leq PI<2$)、中度污染($2\leq PI<3$)、严重污染($3\leq PI<6$)和非常严重污染($6\geq PI$)。

PI 值用于评价特定采样点中某一给定元素的污染水平。而污染负荷指数(Pollution Load Index)评价方法是由 Tomlinson 提出的,通过不同元素的叠加来分析某一地点的综合污染负荷。PLI 值由以下公式进行计算:

$$PLI = \sqrt[n]{PI_1 \times PI_2 \times PI_3 \times \cdots \times PI_n} \tag{3-3}$$

根据计算结果,可将待分析样本点的污染程度分为 3 类:当 $PLI<1$ 时,表示该研究点不存在重金属元素污染;当 $1\leq PLI\leq 2$ 时,该点污染水平为中度;当某点 $PLI>2$ 时,应给予重视并采取相应的补救措施。

3.2.3　潜在生态风险指数评价

由 Hakanson 提出的重金属生态风险指数(Ecological Risk Index)评价方法被用来评估土壤和城市道路粉尘的污染程度,它可通过以下公式进行计算:

$$RI = \sum_{i=1}^{n} E_r^i \tag{3-4}$$

$$E_r^i = T_r^i \times C_f^i \tag{3-5}$$

$$C_f^i = C_n^i/B_n^i \tag{3-6}$$

式中:RI 为所有研究元素的生态风险因子 E_r^i 之和;E_r^i 为元素 i 的单项潜在生态风险因子;T_r^i 是所给物质毒性反应因子(toxic response factor),对于给定的重金属元素其取值是确定的,本书所研究的 8 种重金属各自的毒性反应因子取值为:Zn 为 1,Cr 为 2,Cu、Ni、Pb 为 5,As 为 10,Cd 为 30,Hg 为 40;C_f^i 是元素 i 的污染系数(contamination factor),在数值上等

于污染指数 PI; C_n^i 和 B_n^i 分别为金属 i 的样本平均浓度值和其参考地理背景值,与前面式(3-1)和式(3-2)中定义的变量相同。潜在生态风险水平评价标准如表 3-2 所示。

表 3-2 根据 E_r 和 RI 值进行潜在生态风险水平分类

E_r 或 RI 的值	风险水平
$E_r \leq 40$; $RI \leq 150$	低潜在生态风险
$40 < E_r \leq 80$; $150 < RI \leq 300$	中等潜在生态风险
$80 < E_r \leq 160$; $300 < RI \leq 600$	较高风险
$160 < E_r \leq 320$; $600 < RI$	高风险
$E_r > 320$	极度风险

3.3 城市近地表灰尘中重金属分布特征

3.3.1 道路沉积物中重金属分布特征

在郑州市研究区范围内,每个采样点采集的 3 个子样本中各重金属元素浓度值的相对标准偏差一般在 10%以内,有的略大于 10%,这也说明了同一采样下的不同子样本的污染状况不同。因此,考虑 1 个采样点中所收集的 3 个不同次样本点的平均检测值作为该采样点的元素浓度值是很有必要的。表 3-3 给出了所调查的郑州市 29 个样本点下 87 个街道灰尘样本的重金属浓度描述性统计结果。算术平均值考虑了研究区域内所有研究点的浓度值,代表了不同样品中重金属的平均含量。因此,选择算术平均值作为比较重金属浓度的一个指标(见图 3-1)。根据表中计算结果可知,从郑州市收集到的道路灰尘样本中 8 种重金属浓度含量平均值按照如下排序:Zn>Pb>Cr>Cu>Ni>As>Hg>Cd,这个结论与其他研究者所得到的规律相似。对于重金属的分析表明道路沉积物中 Cr、Zn 和 Pb 的浓度值含量较高,且其浓度值在采样点间具有较高的离散度。

表 3-3 郑州市道路灰尘样本中 8 种重金属元素浓度值统计分析结果

元素	Cr	Ni	Cu	Zn	As	Cd	Pb	Hg
最小值	19	6.31	6.98	31.49	6.16	0.12	19.31	0.03
最大值	361.81	119.89	159.76	650.64	17.98	4.73	160.62	1.01
平均值	49.56	13.95	26.98	136.30	11.41	0.58	50.87	0.23
中位数	40.58	12.20	22.45	111.69	11.05	0.44	44.21	0.14
标准偏差	38.45	12.28	20.48	93.61	2.30	0.63	24.77	0.23
变异系数	0.78	0.88	0.76	0.69	0.20	1.09	0.49	1.00

续表 3-3

元素	Cr	Ni	Cu	Zn	As	Cd	Pb	Hg
几何平均数	43.78	12.42	22.50	116.58	11.19	0.45	46.24	0.15
均值的 95%置信区间上限值	57.76	16.57	31.34	156.26	11.90	0.71	56.15	0.28
偏度	6.42	7.67	3.74	3.14	0.57	4.72	1.93	1.68
峰度	51.26	65.93	20.68	13.39	0.06	26.36	5.37	2.23

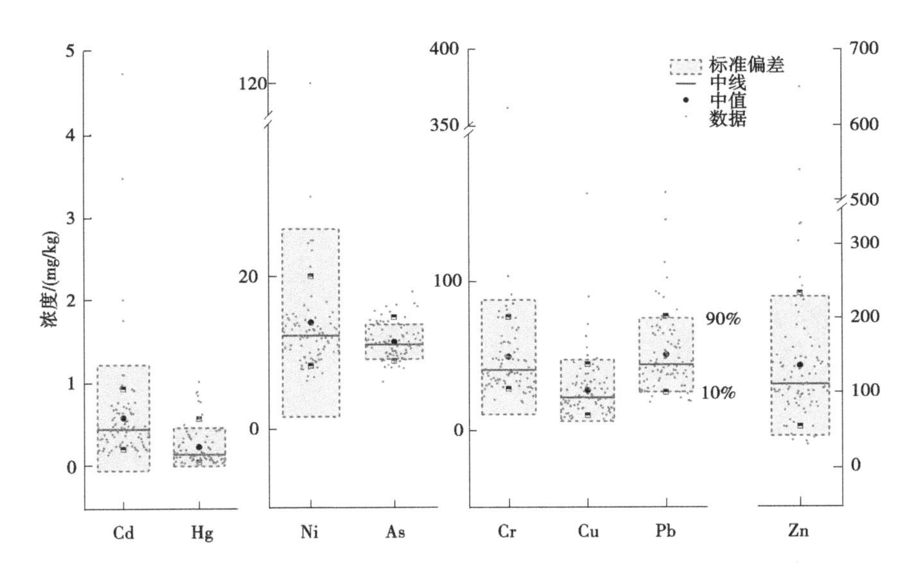

图 3-1　郑州市 87 个道路灰尘样本中各重金属浓度值含量

根据表 3-4 统计的各城市内道路灰尘中重金属含量情况，尽管在本次研究区域内 Zn 浓度值是最高的，但是相比较中国其他城市以及除伊朗的阿瓦士外的其他国外城市，郑州市内道路灰尘中 Zn 含量平均值是最小的。郑州市 Pb 浓度低于除孟加拉国的达卡外与之比较的其他城市，这可能与近年来郑州地区含 Pb 汽油使用量的减少有关。本书研究区域内 Cr、Ni、Cu 的浓度值均低于其他城市。另外，郑州城市道路灰尘中 As 的平均浓度值高于中国北京市、伊朗阿瓦士、孟加拉国达卡和塞尔维亚诺维萨德，并且高于郑州市背景值，但是却比广州市、宝鸡市及伊斯法罕城市灰尘中 As 的浓度值低。而郑州市街道灰尘中 Cd 的污染状况与北京市、贵阳市、塞尔维亚诺维萨德以及北京公园相似，但是低于与之比较的其他城市。此外，研究区域内道路灰尘中 Hg 含量略高于北京市和广州市，这次宝鸡市街道灰尘中 Hg 含量为原来的 20%，比郑州市背景值高了 10 倍左右。不同城市间及郑州市不同功能区间的 Hg 浓度含量无显著性差异，这种现象可能是由于 Hg 的挥发性造成的，在一定程度上也说明了正常的清洁机制如道路清扫或暴雨冲刷等对降低城市中 Hg 含量没有明显效果。

表 3-4　郑州市不同功能区及其他参考城市中道路粉尘重金属平均浓度值

单位：mg/kg

研究范围		Cr	Ni	Cu	Zn	As	Cd	Pb	Hg	参考文献
成都，中国		84.3	24.4	100	296	NA	1.66	82.3	NA	Li et al. 2017
北京，中国		92.10	32.47	83.12	280.65	4.88	0.59	60.88	0.16	Men et al. 2018
北京公园，中国		69.33	25.97	72.13	219.20	NA	0.64	201.82	NA	Du et al. 2013
广州，中国		**176.22**	41.38	192.36	**1 777.18**	20.05	2.14	387.53	0.22	Huang et al. 2014
宝鸡，中国		126.7	48.8	123.2	715.3	19.8	NA	**433.2**	**1.1**	Lu et al. 2010
贵阳，中国		129.04	60.43	129.33	176.05	NA	0.61	63.12	NA	Duan et al. 2018
康堤，斯里兰卡		103.0	**87.6**	123.6	1 116.9	NA	**68.8**	234.4	NA	Weerasundara et al. 2018
伊斯法罕，伊朗		82.13	66.63	182.26	707.19	**22.15**	2.14	393.33	NA	Soltani et al. 2015
阿瓦士，伊朗		115.84	NA	**207.6**	104.24	9.33	6.80	202.14	NA	Ghanavati N et al. 2019
达卡，孟加拉国		144.34	37.01	49.68	239.16	8.09	11.64	18.99	NA	Rahman et al. 2019
诺维萨德，塞尔维亚		60.1	28.1	42.7	NA	1.88	0.54	62.5	NA	Škrbić et al. 2018
德里，印度		57.7	24.7	99.9	200.7	NA	NA	164.2	NA	Roy et al. 2019
郑州市背景土壤值		64	21	14	42	8	0.08	18	0.023	CNEMC1990
中国北京土壤值		62.5	28.9	21.4	69.4	11.1	0.11	21.4	0.03	
郑州市，中国	平均值	49.56	13.95	26.98	136.30	11.41	0.58	50.87	0.23	本书研究
	教育区	37.73	13.41	22.88	153.20	**12.11**	**0.82**	47.28	0.20	
	工业区	**68.50**	**20.38**	18.49	131.91	10.98	0.43	57.05	0.19	
	住宅区	47.69	13.30	31.82	**163.85**	11.50	0.48	50.42	0.29	
	商业区	63.56	13.44	**41.58**	145.25	10.41	0.70	**66.76**	**0.30**	
	公园区	34.80	11.72	16.01	94.20	12.07	0.45	34.38	0.15	

注：NA 即没有提供（not available）。

加粗字体表示表格中统计到的世界不同城市或者采集样本中郑州市不同功能区相比较最高的浓度值。

不同功能区下土地用途、人类活动、交通密度、人口密度、能源消耗及道路的清扫频率不同，呈现出不同的污染状况。表3-4中显示了郑州市5个不同功能区（商业区、工业区、公园区、教育区、住宅区）收集到的道路灰尘中重金属的平均浓度值。各功能区金属元素平均值总浓度由高到低依次为：商业区>住宅区>工业区>教育区>公园区。这一排序与学者们在成都的研究结果相一致，这说明不同城市关于不同功能区的划分所产生的相对影响是相似的。城市中商业区道路沉积物重金属含量明显高于功能区，这可能与其区域内较高的公共流量和交通流量有关。此外，商业区高层建筑密度较大导致该区域空气中污染粒子的悬浮以及重金属元素的累积，这也是造成商业区金属污染较高的原因。在不同功能区道路灰尘样本中Zn元素浓度最高值在住宅区（163.85±133.36 mg/kg）检测得到，比教育区（153.20±76.26 mg/kg）和商业区（145.25±57.84 mg/kg）含量高一些。但是，这些浓度值均低于教育区某点的Zn浓度值（278 mg/kg），而学者们先前在对成都地区的研究中，教育区Zn含量是最低的。表3-4中信息揭露出Cr与Ni的含量都是在工业区最高，在公园区最低，这说明两种金属元素可能来源于同一污染源。类似地，Cu、Hg和Pb的浓度值在商业区最高，在公园区最低。而除了As和Cd之外，其他重金属元素浓度均在公园区呈现出最低值，这可能是由于不同功能区中As和Cd污染特征差异本身就较小。

3.3.2　重金属污染垂直分布特征

表3-5为具有高层样品采集点所收集到的道路灰尘与高层灰尘样本重金属元素浓度值描述性统计分析结果，通过对比分析可知，除Cu金属外，其他金属在高层灰尘样本中的浓度值高于道路灰尘样本中的浓度值。然而，除Zn外，高层灰尘中其他重金属含量的变异系数低于道路灰尘，表明城市不同区域内人类地面活动的多样性对道路灰尘中重金属浓度及化学性质有一定的影响。不论是在道路灰尘样本中还是高层灰尘样本中，元素含量差异最小的是Pb和As，这在一定程度上也说明了As是地壳的组成元素，同时也意味着近几十年来含Pb汽油的禁止在郑州起到了一定的作用，导致样本间Pb浓度值相差无几。相比之下，样本间Hg、Cd、Zn和Cu含量差异较大，Zhang等也发现了同样的Zn变异性。通过比较道路灰尘和高层灰尘中重金属浓度的标准偏差发现，高层灰尘中Zn、Pb、Cr、As和Hg的浓度值相对较分散，而其他金属的浓度值较为集中。有趣的是，Pb浓度值在高层灰尘样本中呈负偏态，在道路灰尘中呈正偏态，这说明高层灰尘中Pb浓度值低的分布点较多，道路灰尘中Pb浓度值高的分布点较多。此外，道路灰尘中和高层灰尘中的Cu、Zn、Cd、Pb和Hg的含量都高于其对应的郑州市及中国土壤背景值；高层灰尘中As含量高于全国土壤背景值，而道路灰尘中As含量低于郑州市土壤背景值。在收集到的样本中，不论是道路灰尘还是灰尘样本，其中重金属元素浓度值按照从大到小的排序均为：Zn>Pb>Cr>Cu>Ni>As>Cd>Hg，这个排序与在贵阳市不同楼层收集到的灰尘中金属浓度大小排序大致相同。但是在商业街区道路灰尘样本中Cr浓度值高于Pb浓度值，这也是人口密集城区内较高Cr富集的一种表现。

表 3-5 郑州市 3 个不同功能区道路灰尘和高层灰尘重金属浓度统计性结果

	元素	Cr	Ni	Cu	Zn	As	Cd	Pb	Hg
道路灰尘	最小值/(mg/kg)	25.08	7.74	10.73	63.68	8.03	0.23	28.44	0.04
	最大值/(mg/kg)	81.38	30.49	159.76	328.68	16.29	4.73	76.83	0.78
	平均值/(mg/kg)	47.64	14.49	36.19	162.29	10.70	1.05	51.54	0.16
	中值/(mg/kg)	46.76	13.09	29.67	133.94	10.53	0.61	48.31	0.09
	标准偏差	15.27	5.70	32.35	80.13	2.27	1.23	16.21	0.18
	变异系数	0.32	0.39	0.89	0.49	0.21	1.17	0.31	1.13
	偏度	0.88	1.64	3.61	0.95	1.30	2.20	0.30	2.65
	峰度	0.35	2.87	14.31	0.072	1.59	4.48	-1.31	7.64
高层灰尘	最小值/(mg/kg)	26.74	8.48	12.05	81.12	9.12	0.33	26.25	0.05
	最大值/(mg/kg)	94.78	28.23	57.34	1 319.29	20.42	3.24	104.69	0.80
	平均值/(mg/kg)	53.96	18.07	33.64	356.51	13.47	1.57	74.59	0.19
	中值/(mg/kg)	51.91	18.87	28.15	247.90	12.44	1.69	74.97	0.13
	标准偏差	16.12	5.07	14.26	325.21	2.63	0.70	20.73	0.19
	变异系数	0.30	0.28	0.42	0.91	0.20	0.45	0.28	1
	偏度	0.51	0.05	0.50	2.13	1.21	0.34	-0.83	2.47
	峰度	1.44	-0.27	-1.12	4.45	1.88	0.55	0.55	6.21
郑州市土壤背景值/(mg/kg)		64	21	14	42	8	0.08	18	0.023
中国土壤背景值/(mg/kg)		62.5	28.9	21.4	69.4	11.1	0.11	21.4	0.03

根据图 3-2 可以得知,除采样点 EA3(3)和 EA4(1)外,商业区和住宅区内道路灰尘样本中 Cr 金属浓度值均低于高层灰尘中 Cr 浓度值;相反,除 CA2(1)采样点外,其他商业区的样本道路灰尘中 Cr 含量大于高层灰尘中 Cr 含量。此外,各功能区内道路灰尘中 Cr 浓度值的相对标准偏差均低于高层灰尘中对应的偏差值,说明城市各区域道路灰尘样本中 Cr 含量差异较小。令人惊讶的是,所有采样点道路灰尘中 Cr 元素的相对标准偏差值大于高层灰尘中对应的偏差值表明所有收集的样本中道路灰尘中 Cr 含量变异大于高层灰尘,并且郑州市不同功能区间道路灰尘中 Cr 金属差异比高层灰尘中更为显著。在所有的功能区内,高层灰尘中 Ni 含量均大于道路灰尘中 Ni 含量(见表 3-6),这一总体趋势与 Zhang 等得到的灰尘中重金属含量随着楼层高度逐步增多的结果相一致;而从图 3-2 可以看出,采样点 EA1(3)、EA3(3)、EA4(1)和 CA1(2)Ni 浓度值在道路灰尘中比较高,这可以归因于校园和商业区城市地表点源污染的存在。道路灰尘中 Ni 的相对标准偏差比高层灰尘中高,意味着灰尘中 Ni 浓度受地面人类活动影响较大。

在教育区域内,与高层灰尘样本对比,道路灰尘样本中 Cu 浓度含量在 EA1(1)、EA1(2)、EA3(1)、EA3(2)和 EA4(1)采样点较低,但在 EA1(3)、EA2(1)、EA3(3)和

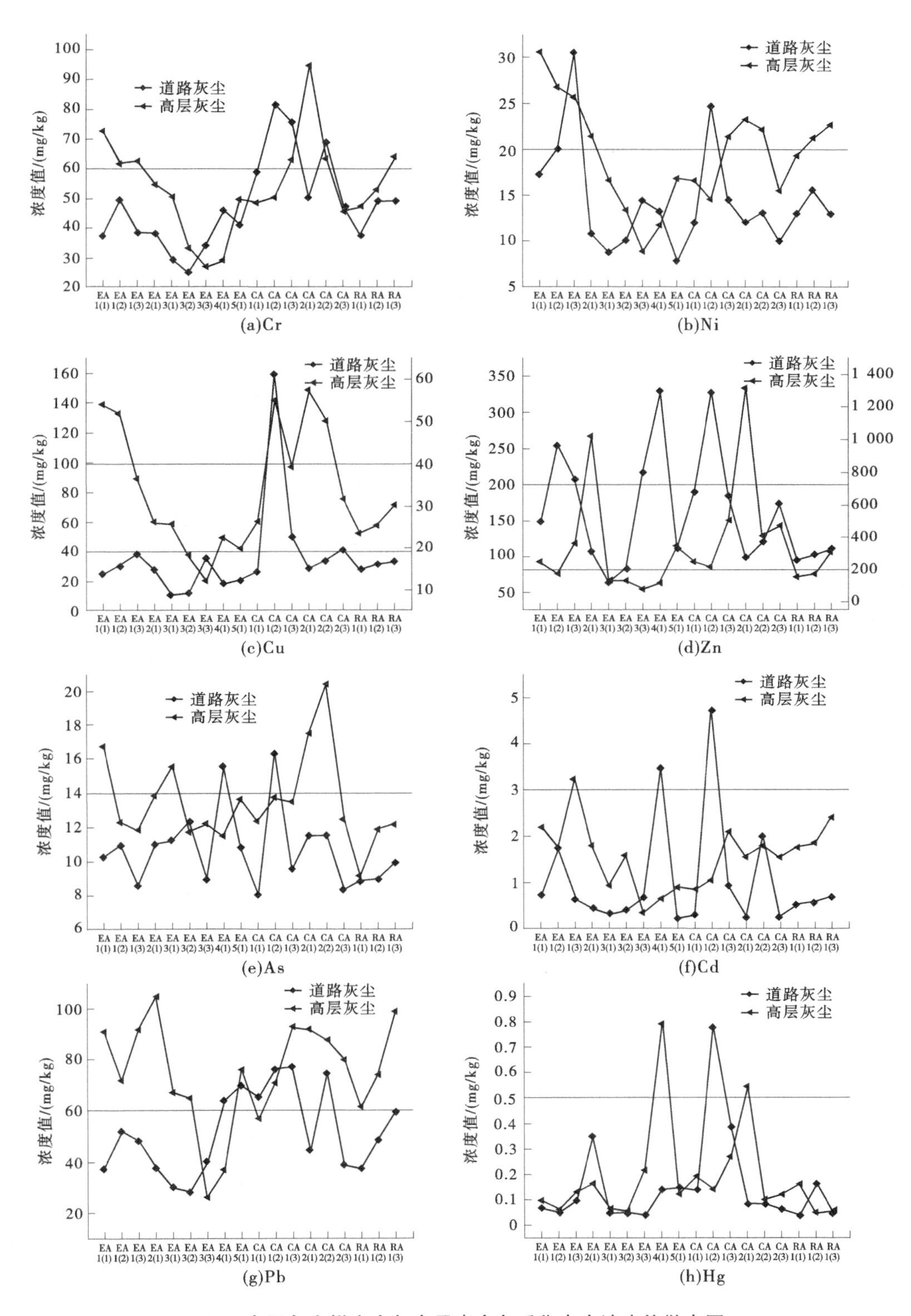

图 3-2　高层灰尘样本中每个元素在各采集点中浓度值散点图

表 3-6 郑州市不同功能区道路沉积物和高层灰尘样本中重金属的平均浓度值及相对标准偏差

元素			Cr	Ni	Cu	Zn	As	Cd	Pb	Hg
教育区	道路灰尘	浓度值/(mg/kg)	37.73	14.77	24.32	169.05	11.07	0.96	45.26	0.11
		相对标准偏差/%	20.22	48.27	39.97	52.43	18.27	108.97	31.93	88.23
	高层灰尘	浓度值/(mg/kg)	49.06	17.81	29.63	290.50	13.26	1.49	70.01	0.19
		相对标准偏差/%	33.02	37.87	49.78	100.63	13.97	60.24	36.44	121.94
商业区	道路灰尘	浓度值/(mg/kg)	63.71	14.38	56.78	182.41	10.87	1.41	62.57	0.26
		相对标准偏差/%	21.72	36.69	90.19	44.10	28.04	125.31	27.11	109.76
	高层灰尘	浓度值/(mg/kg)	60.98	17.68	43.31	528.22	14.99	1.49	79.80	0.23
		相对标准偏差/%	29.87	19.47	29.68	76.71	21.65	31.32	17.59	72.51
住宅区	道路灰尘	浓度值/(mg/kg)	45.24	13.84	30.66	101.77	9.27	0.61	48.34	0.09
		相对标准偏差/%	14.87	10.91	8.03	8.10	6.16	13.57	22.66	80.67
	高层灰尘	浓度值/(mg/kg)	54.64	19.61	26.30	211.14	11.07	2.00	77.94	0.09
		相对标准偏差/%	15.59	8.03	12.82	39.62	15.31	17.52	24.53	70.06
所有采样区域	道路灰尘	浓度值/(mg/kg)	47.64	14.49	36.19	162.29	10.70	1.05	51.54	0.16
		相对标准偏差/%	32.05	39.36	89.37	49.38	21.18	117.27	31.45	118.46
	高层灰尘	浓度值/(mg/kg)	53.96	18.07	33.64	356.51	13.47	1.57	74.59	0.19
		相对标准偏差/%	29.87	28.06	42.40	91.22	19.52	44.77	27.79	102.11

EA5(1)采样点较高。在 RA1 采样点道路灰尘样本 Cu 含量略高于高层灰尘中。有趣的是,高层灰尘样本和道路灰尘样本中 Cu 浓度最高值均在 CA1(2)这一采样点中测得(见图 3-2)。在 CA1 采样点中道路灰尘样本 Cu 含量高于道路灰尘样本,而在 CA2 采样点道路灰尘样本中只有一个次样本点具有较高 Cu 浓度值,其他两个次样本点收集到的样本 Cu 含量在高层灰尘样本中较高。总的来说,道路灰尘中 Zn 浓度值低于高层灰尘样本,这可能是污染物在建筑物上长期累积的结果。然而,在 EA1(2)、EA3(3)、EA4(1)和 CA1(2)样本点中道路灰尘样本含有较高 Zn 金属元素,这可归因于城市地面点源污染。类似地,除在 EA3(2)、EA4(1)和 CA1(2)采样点道路灰尘中 As 含量较高外,其他样本点均是高层灰尘中 As 浓度值较高。除在 EA3(3)、EA4(1)、CA1(2)和 CA2(2)采样点外,其他样本点中道路沉积物 Cd 浓度值低于高层灰尘样本中。除 EA3(3)、EA4(1)、CA1(1)和 CA1(2)采样点外,其他样本点中道路灰尘 Pb 含量低于高层灰尘样本。大部分采样点中 Hg 浓度值在道路灰尘和高层灰尘样本中无显著差异。高层灰尘样本中最高的 Hg 浓度值在 EA4(1)样本点测得,道路灰尘样本中最高 Hg 含量值在 CA1(2)样本点测得。

从表 3-6 可以看出,道路沉积物和高层灰尘样本中 Cr 和 Pb 的浓度值以及道路灰尘中 Cu 浓度值在不同功能区的排序为:商业区(CA)>住宅区(RA)>教育区(EA),而高层灰尘中 Cu 浓度值在不同功能区的排序为:商业区(CA)>教育区(EA)>住宅区(RA)。Huang 等利用 Pb 同位素组成方法对攀枝花西部某废渣处理厂周边的 24 个表层土壤样品进行了研究,发现煤及矿石冶炼等人为 Pb 源更容易发生化学转移。Kara 等发现 Cr 和 Cu 主要富集在与交通排放有关的道路沉积物中,并受到轮胎磨料磨损的影响。这三个功能区,特别是商业区,人口密集、交通繁忙,在这种情况下,可能会导致区域内空气流通不畅,容易造成金属积聚。道路沉积物和高层灰尘样本中 Zn 和 Hg 的浓度值、高层灰尘样本中 As 浓度值以及道路沉积物中 Cd 浓度值在不同功能区按照以下次序排序:商业区(CA)>教育区(EA)>住宅区(RA)。道路灰尘中 Ni 和 As 含量在教育区(EA)最高,接下来是商业区(CA)和住宅区(RA),而高层灰尘中 Ni 和 Cd 含量在住宅区(RA)最高,其次是教育区(EA)和商业区(CA)。然而,总的来说,无论是道路沉积物($p>0.95$)样本还是高层灰尘样本($p>0.85$)中不同功能区间 Ni 含量值无显著差异,同样道路灰尘中 As 含量及高层灰尘样本中 Cd 浓度值在不同功能区间均为显著性差异($p>0.50$)。这些发现与李晓燕等以往的研究结果一致,即通过对贵阳市 4 个季节下 3 个采样点不同楼层的分析中发现,夏季灰尘中重金属浓度值沿垂直空间高度的分布差异不明显。

3.4　重金属污染水平

3.4.1　道路沉积物重金属污染水平

所有街道灰尘样本($N=87$)中重金属 I_{geo} 值的箱线图如图 3-3 所示。图 3-3 及图 3-4 中四分位数间距(inter-quartile range,IQR)是指污染指标值的上四分位数(Q3, 即 75%)与下四分位数(Q1,即 25%)的差值。理论上,箱线图的异常值是通过判断数据是否在上限(Q3+1.5IQR)和下限(Q1−1.5IQR)范围内来检测的。由于城市点源污染的存在,不同采样点中重金属污染程度不同,这或许可以解释为什么有些重金属的污染指数值中存在异常值。异常值的分析有利于郑州市采样点污染状况的分析和研究。污染指数(pollution indices,PI)值反映了道路沉降灰尘相对于城市土壤重金属的污染水平,如图 3-4 所示,各研究元素的 PI 值顺序为:Hg>Cd>Zn>Pb>Cu>As>Cr>Ni。

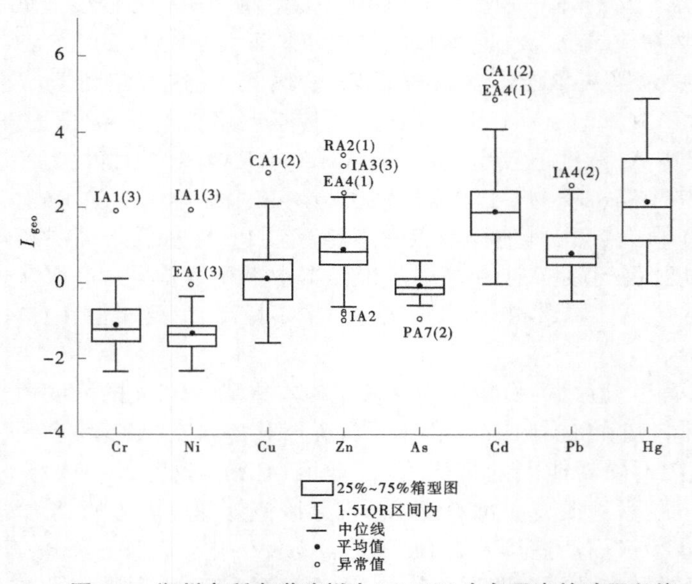

图 3-3　郑州市所有道路样本(N=87)中各元素的地累积值

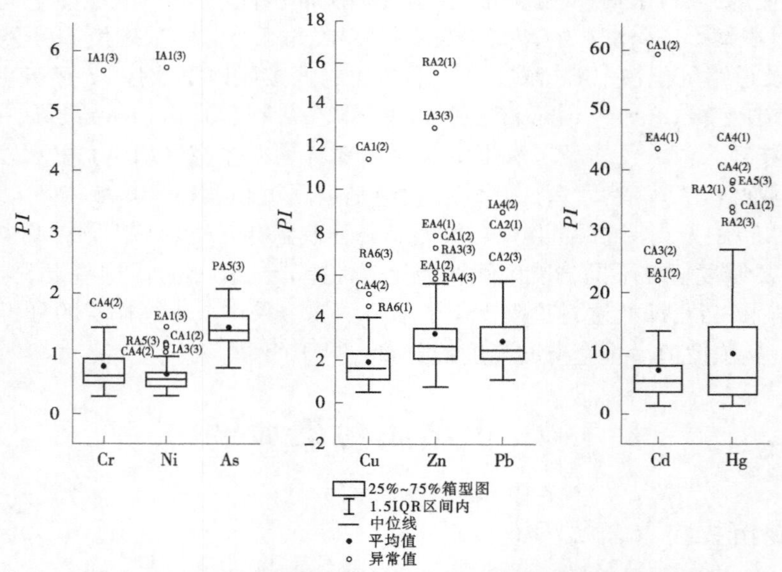

图 3-4　郑州市不同功能区收集的所有道路样本中各元素的 PI 值

3.4.2　高层灰尘重金属污染水平

由于每种重金属元素的来源不同,以及人类活动对重金属含量的影响不同,研究区域内各金属元素的污染程度是不同的。根据 *PI* 值,各重金属元素的污染水平在道路沉积物中的排序是:Cd>Hg>Zn>Pb>Cu>As>Cr>Ni(见图 3-5),高层灰尘中的排序与其较为相似:Cd>Zn>Hg>Pb>Cu>As>Ni>Cr(见图 3-6),这与先前学者的结论相一致。

不论是在道路沉积物样本中还是高层灰尘样本中,大部分地区(72%~89%)Cr 和 Ni 处于无污染状态,绝大多数地区(83%~94%)As 处于低污染水平。这就是为什么研究者们判断灰尘中 As 元素主要来自自然源。与郑州背景土壤相比较,道路灰尘和高层灰尘样本均受到中度 Cu 污染(平均 *PI* 值分别为 2. 59 和 2. 40)。从图 3-5 和图 3-6 中可以看出,相对于道路沉积物样本,高层灰尘中不同采样点间 Cu 和 Pb 污染的差异相对较大,并且绝大多数(89%)高层灰尘样本处于相当大的 Pb 污染水平。这可能与高层灰尘中重金属元素的长期积累以及不同采样点下人类活动特征的差异有关。

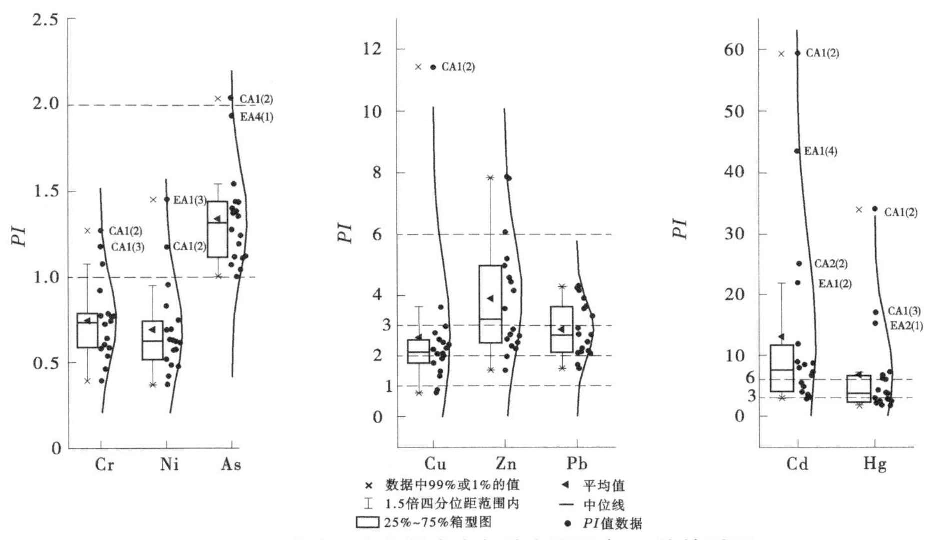

图 3-5　道路沉积物样本中每种金属元素 *PI* 值箱型图

此外,研究区域内近一半(44%)高层灰尘样本暴露于非常高水平的 Zn 污染,而对于道路灰尘,一半的研究区域(50%)中 Zn 污染处于中度水平以下,这与城市道路清洁的频率远高于高层灰尘清洁这一事实有关。然而,在 17%的研究地点,道路灰尘中 Zn 元素的 *PI* 值大于 6,尤其是在采样点 CA1(2)处 *PI* 值为 7. 79,这就需要采取一些措施来解决城市粉尘中 Zn 浓度高的问题。除少数采样点外,研究区域内道路沉积物和高层灰尘中 Hg 含量的 *PI* 值分布相对集中,数据的中位数在 3~6,这属于较严重污染。Hg 的蒸发特性加上空气循环,使其传播范围更广,并且 Hg 不溶于水,因此不宜通过喷洒形式来改善大气或道路中 Hg 污染状况。因此,要解决 Hg 污染问题,应重点分析污染源,减少 Hg 产品消费。Cd,作为粉尘样品中 *PI* 值最高的金属,常用于合金制造、电镀、充电电池等。由于被 Cd 污染的空气和食物对人体有强烈的毒性危害,并且其在人体内的新陈代谢慢,因此有必要加强日常生活和生产中 Cr 排放的检测,并在城市灰尘 Cd 污染水平高的地区实施进一步的治理措施。

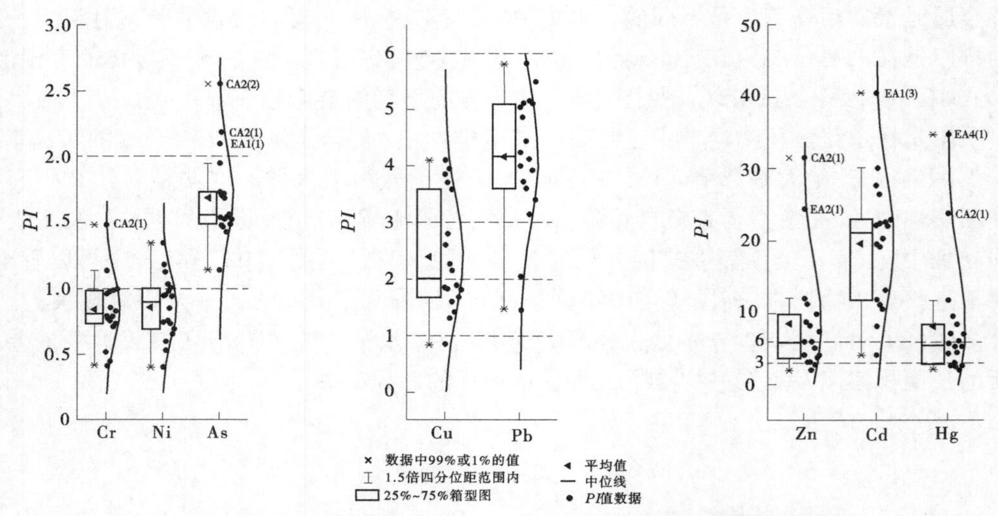

图 3-6 高层灰尘样本中各金属元素 *PI* 值的箱型图

如表 3-7 所示，不同功能区高层灰尘样本中平均污染荷载指数值均高于相应功能区下道路灰尘中的值，这说明高层灰尘存在明显的重金属累积效应。根据道路沉积物和高层灰尘在不同功能区下所研究金属污染负荷值的排序（CA>EA>RA）可知，8 种重金属的污染负荷在商业区最高（见表 3-7）。除了 EA3(3)、EA4(1)、CA1(2)这 3 个研究点道路沉积物样本中污染荷载指数高于高层灰尘中外，其他研究点均是高层灰尘中金属元素的污染荷载指数较高。

表 3-7 每个样本点中道路灰尘与高层灰尘中所研究金属元素的污染荷载指数值

道路灰尘	EA1(1)	EA1(2)	EA1(3)	EA2(1)	EA3(1)	EA3(2)	EA3(3)	EA4(1)	EA5(1)	**EA**	
	1.95	2.58	2.41	2.11	1.20	1.31	1.91	3.11	1.76	2.04	
	CA1(1)	CA1(2)	CA1(3)	CA2(1)	CA2(2)	CA2(3)	**CA**	RA1(1)	RA1(2)	RA1(3)	**RA**
	2.08	6.24	3.27	1.74	2.67	1.74	2.96	1.61	2.17	1.97	1.92
高层灰尘	EA1(1)	EA1(2)	EA1(3)	EA2(1)	EA3(1)	EA3(2)	EA3(3)	EA4(1)	EA5(1)	**EA**	
	3.80	2.99	3.80	3.95	2.32	2.08	1.49	2.34	2.71	2.83	
	CA1(1)	CA1(2)	CA1(3)	CA2(1)	CA2(2)	CA2(3)	**CA**	RA1(1)	RA1(2)	RA1(3)	**RA**
	2.69	2.94	4.13	5.63	3.80	3.12	3.72	2.64	2.53	3.17	2.78

3.5 小 结

本章基于各样本点中重金属元素浓度值，对道路灰尘重金属描述性统计分析特征、不同功能区间分布差异及具有高层样本采样点处金属垂直分布情况进行分析。在对重金属污染水平进行评价时，选用地累积指数、污染指数、污染负荷指数及潜在生态风险指数，对比综合分析研究区域内污染状况。

第4章　近地表街尘重金属污染源识别

城市灰尘中重金属主要有自然因素和人为因素两种来源。自然环境条件下，矿物质在成土过程中，会将其含有的重金属释放并积累，影响土壤重金属背景值，属于内部因素。城市土壤在雨水冲刷和风力作用下，造成流失，进入城市不透水道路上，在地表人类一系列活动的影响下，作为扬尘悬浮在空气中，成为城市灰尘污染的一部分。不同地区土壤母质差异较大，土壤重金属背景值不同。人类活动如生活垃圾的高温焚烧会导致可挥发重金属及其化合物排放到大气环境中，在干湿沉降作用下进入城市灰尘，造成一定程度的污染。此外，化工企业生产过程中石油、煤炭、天然气等燃料的燃烧会释放重金属和其他有害物质，并以废气的形式进入到大气环境中沉降到城市近地表表面。城市交通过程中汽车尾气排放、润滑剂的使用以及轮胎和零件磨损等，都会对道路灰尘及两侧土壤表层灰尘造成重金属污染。

4.1　污染源识别方法

城市污染物的来源分析一直是各类学者研究的热点话题，准确识别造成各类污染的污染源对城市大气环境治理及重金属污染防控工作具有战略性意义。而受体模型是基于来源的组成或指纹来量化来源对样品贡献的数学方法，使用适合介质的分析方法来确定污染源组成或者污染源种类，并且需要关键的污染源种类或种类组合去分离影响。

常用于污染源识别的受体模型有主成分分析-多元线性回归法(PCA-MLR)、正定因子矩阵分解法(positive matrix factorization, PMF)、Unmix模型以及化学质量平衡法(CMB)等。主成分分析作为因子分析的一种方法，最早被应用于源解析，它是通过降维将多个观测变量，通过线性组合转化为少数几项彼此不相关的综合指变量，即主成分，并用这些主成分来解释多变量的方差-协方差结构。该方法优于CMB的一点在于运行操作时不需要提前已知源成分谱系，可根据分析结果及污染物特征进行来源识别，缺点在于对主成分分析结果进行多元线性回归时，会出现贡献值为负值的情况，导致物理意义上的损失，无法进行进一步的物理解释。而PMF模型在同样未知污染源谱系的情况下，可将样本中污染物浓度值矩阵分解为贡献矩阵与源成分谱矩阵的乘积与残差的和，分解矩阵中元素非负，并且基于加权最小二乘法多次迭代计算，通过数据偏差进行优化模拟，使目标函数Q值最小化以实现最优化目标，最终得出各个因子，定量解析出污染物来源。Unmix模型在数据空间降维的基础上通过自建模曲线分辨率技术使源成分谱及源贡献服从非负约束。不同的是，CMB基于质量守恒，将各源类要素浓度之和作为测定的受体大气颗粒物总质量浓度值，并依据源类浓度估算各自源的贡献比例。模型的使用需事先已知本地对受体有贡献的源要素和源谱信息，对于数据的质量要求较高。

本书采用PCA-MLR、PMF和Unmix 3种受体模型对郑州市87个道路灰尘样本中8

种重金属进行污染源识别，根据各类源解析方法所得到的结果，对比分析各污染源的源谱及贡献率，相互印证，以确保识别的准确性和可信度。

4.1.1 皮尔逊相关系数分析

由于道路灰尘中重金属浓度值服从对数正态分布，因此本书利用对数转化后的数据计算了8种金属元素间皮尔逊相关系数（见表4-1），研究了城市街道灰尘样本金属间的相关关系，以此来简要评估所研究金属间的同源性和相干性信息。

表4-1　郑州市道路灰尘中所有分析金属的皮尔逊相关系数矩阵及相应的显著水平

元素	Cr	Ni	Cu	Zn	As	Cd	Pb	Hg
Cr		0	0	0	0.995	0	0	0
Ni	**0.584****		0	0	0.116	0	0	0.029
Cu	**0.787****	**0.500****		0	0.216	0	0	0.002
Zn	**0.635****	**0.672****	**0.668****		0.177	0	0	0.004
As	-0.01	0.176	-0.139	0.152		0.006	0.695	0.081
Cd	**0.438****	**0.655****	**0.403****	**0.677****	**0.301****		0	0.187
Pb	**0.741****	**0.417****	**0.675****	**0.640****	-0.044	**0.440****		0.003
Hg	**0.386****	0.242*	**0.344****	**0.315****	0.195	0.148	**0.331****	

注：左下方为相关系数，右上方为显著水平。

**表示在0.01水平上显著相关（双尾）（加粗标记）。

*表示在0.05水平上显著相关（双尾）。

Cr-Cu(0.787)组在0.01水平上呈现高度正相关，表明这一组的排放来源和途径可能相似。另外一组Cr-Ni-Cu-Zn-Cd-Pb，在$p<0.01$水平下相互之间呈现极显著相关，尤其是Cr-Cu（0.787）、Cr-Zn(0.635)、Cr-Pb(0.741)、Ni-Zn(0.672)、Ni-Cd(0.655)、Cu-Zn(0.668)、Cu-Pb(0.675)、Zn-Cd(0.677)和Zn-Pb(0.640)。但是根据相关系数分析显示，在0.01水平下除与Cd(0.301)相关性较低外，As与其他金属均无显著相关性。此外，另一组Hg与Cr(0.386)、Cu(0.344)、Zn(0.315)、Pb(0.331)在0.01水平上相关性较低，Hg与Ni在0.05水平上相关性不显著(0.242)。

热力图是通过颜色和深度来可视化元素之间的相关性（见图4-1），此外皮尔逊相关系数值也在表4-1中标注出。在高层灰尘样本中，除与Hg元素呈现负相关性外，金属Cr与其他重金属在不同的显著水平下均呈现正相关，尤其与Ni、Cu、Zn和Pb在$p<0.01$下呈现强烈正相关，与As和Cd在0.05水平下呈现中度相关。人们普遍认为，重金属间的显著相关性可以反映同一源和共同的影响因素。然而，在研究样本点中，道路灰尘中Cr与Hg的相关性因地面人类活动的存在而增强，相反地，这大大削弱了Cr、Ni与Zn等其他金属的相关性。这可能是道路沉积物与高层灰尘中Cr与其他重金属相关性不同的原因。同样地，高层灰尘中Ni与Cu、Cd与Pb之间在0.01水平下的强相关性也在道路样本中被弱化。这可能是由于地面灰尘受多种因素的影响，导致元素间的相关性不显著，从而造成道路灰尘中重金属来源的不清晰。

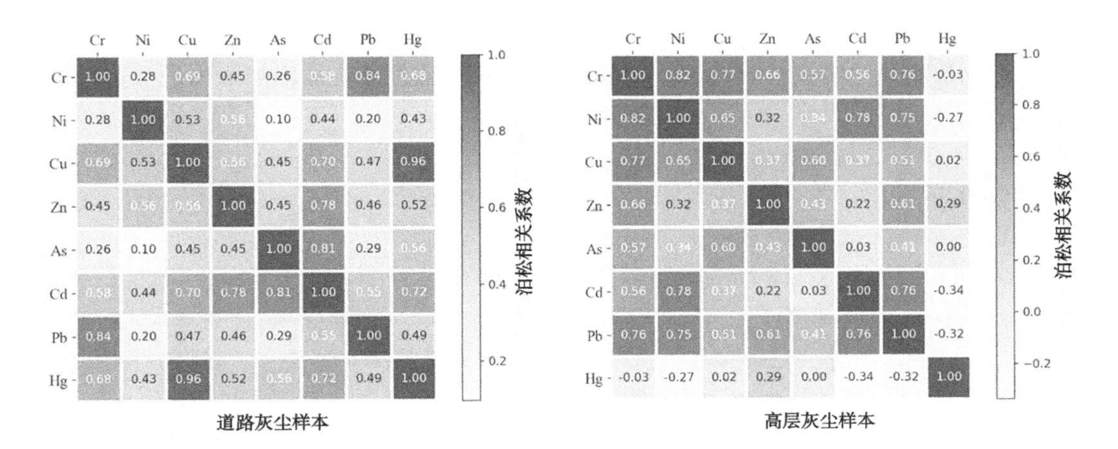

图 4-1　灰尘样本中重金属元素间皮尔逊相关系数热力图

高层灰尘中 Pb-Zn(0.609)、Pb-Cd(0.757)在 0.01 水平下表现出较高线性相关，道路沉积物中这种相关性在一定程度上被削弱，更加削弱的是 Cu 和 As 之间的相关性。相反地，在 $p<0.01$ 下道路灰尘中 Cd 和 Cu、Zn 以及 As 之间被发现具有显著相关，但高层灰尘中并没有显著的线性相关性，这种现象也出现在 Cu-Hg 和 Cd-Hg 中。此外，0.05 水平下道路灰尘中 Zn 与 Ni(0.561)、Cu(0.556)间呈现中等相关性，而同样显著水平条件下，Cr-Cd 和 Cu-Pb 的相关性在道路灰尘和高层灰尘中没有显著差异。道路沉积物中 Hg 和其他元素的线性相关性高于高层灰尘中相对应的相关值。需要强调的是，相关系数只是反映了变量之间的线性关系和相关的方向，并不表示变量之间是否存在非线性或其他关系。

4.1.2　主成分分析-多元线性回归

主成分分析法[Principal Component Analysis (PCA) method]，利用 SPSS(Statistic Package for Social Science)统计分析软件对 8 种重金属元素污染源进行识别。*KMO*(Kaiser-Meyer-Olkin)取样适合度检验统计量是用于比较观测变量间相关系数平方和与偏相关系数平方和的指标。偏相关是指当两个变量同时与第三个变量相关时，将第三个变量的影响剔除后这两个变量之间的相关程度。由此可知，偏相关系数绝对值越大，说明两变量存在公共因子的可能性就越小，说明可能不适合做因子分析；如果变量之间相关系数绝对值较大，偏相关系数绝对值较小，表明变量之间的高相关就可能与第三变量有关，存在共同因子的可能性较大，适合做因子分析。*KMO* 统计量的计算公式如下：

$$KMO = \frac{\sum \sum_{i \neq j} r_{ij}^2}{\sum \sum_{i \neq j} r_{ij}^2 + \sum \sum_{i \neq j} p_{ij}^2} \tag{4-1}$$

式中：r_{ij} 为变量间的相关系数；p_{ij} 为变量间的偏相关系数。

由式(4-1)可知，*KMO* 统计量取值在 0 和 1 之间。当所有变量间的相关系数平方和远远大于偏相关系数平方和时，*KMO* 值接近 1，意味着变量间的相关性较高且偏相关性较低，原有变量适合作因子分析；当所有变量间的相关系数平方和接近 0 时，*KMO* 值也接近于0,意味着变量间的相关性很低,原有变量不适合做因子分析。

Kaiser 根据以往研究经验,给出了常用的判断变量是否适合做因子分析的 *KMO* 度量标准:

KMO>0.9:表示非常适合;

0.9≥*KMO*>0.8:表示适合;

0.8≥*KMO*>0.7:表示一般;

0.7≥*KMO*>0.6:表示不太适合;

KMO≤0.6,表示极不合适。

贝特利特球形检验是一种检验变量之间相关性程度的检验方法。它以原有变量的相关系数矩阵为出发点,假设"相关系数矩阵是一个单位阵",相关系数矩阵对角线上的所有元素都为1,所有非对角线上的元素都为0。然后检验实际相关矩阵与假设单位阵之间的差异性。如果差异性显著,则拒绝单位阵假设,即认为原变量间的相关性显著,适合于做因子分析,否则不能做因子分析。

对本书道路灰尘中重金属浓度值的对数转换数据进行 *KMO* 和 Bartlett 检验,*KMO* 检测值为0.806,Bartlett 检验显著水平为0,表明该数据适合做进一步的主成分分析和因子分析,分析结果如表4-2所示。

表4-2 通过主成分分析方法对道路灰尘中8种重金属浓度值提取的元素主成分的矩阵

元素	旋转元件矩阵			共同度
	1	2	3	
Cr	**0.728**	0.475	−0.237	0.812
Ni	**0.825**	0.052	0.186	0.719
Cu	**0.706**	0.425	−0.372	0.818
Zn	**0.864**	0.218	0.060	0.798
As	0.104	0.135	**0.906**	0.849
Cd	**0.832**	−0.089	0.341	0.816
Pb	**0.678**	0.430	−0.279	0.723
Hg	0.102	**0.915**	0.207	0.890
特征值	4.174	1.304	0.948	
方差/%	45.384	18.807	16.128	
累计方差/%	45.384	64.191	80.319	

注:成分中较高的因子负荷已加粗。

在主成分分析中,通过因子分析的方法提取了3个主成分,并采用 Kaiser 提出的最大方差法旋转成分矩阵,使各因子上负荷最大的变量个数最小。得到的3个主成分占总方差的80.3%,其中第一种主成分占总方差的45.384%(见图4-2),在 Cr(0.728)、Ni(0.825)、Cu(0.706)、Zn(0.864)、Cd(0.832)和 Pb(0.678)上因子负荷较高。这些结果与基于皮尔逊相关系数的评价结果一致,表明这 5 个金属元素之间高度相关并对因子 1 有很大的贡献。根据以往的研究,道路沉积物中 Cr、Ni、Cu、Cd 主要由汽车零部件及油漆、护栏、涂料等其他金属材料的风化和腐蚀引起的。通过分析不同重金属的污染源,Rahman 等发现 Zn 通常在轮胎胎面橡胶、汽车润滑油和汽化器中检测到。汽车表面的腐蚀以及含 Pb 汽油和道路涂料的广泛使用会增加沉积物中的 Pb 含量水平。此外,这些重金属的来源是与交通相关的排放物。Gunawardena J 等的研究表明,Zn 与交通量有关,而 Pb、Cd、Ni 和 Cu 与交通拥堵有关。因此,因子 1 更可能与人类活动产生的汽车尾气和交通设施有关。

成分 2 主要是 Hg 负荷,占总方差的 18.807%。含 Hg 化肥和杀虫剂的使用是导致土壤、水以及灰尘中 Hg 含量普遍增加的原因之一。存在于化肥和农药中的 Hg 会挥发到空气中,经过一定距离的运输,最终沉降到地面,加速了道路灰尘中的 Hg 污染。此外,医院和诊所的一些医疗设备都含有 Hg,例如温度计、血压计、用于牙科和辰砂中的 Hg 合金材料,会造成一定的 Hg 污染。从 *PI* 值来看,道路灰尘中 Hg 浓度是郑州市土壤背景值的 10 倍,这说明人类活动对城市粉尘中 Hg 含量的影响较大。根据对城市 Hg 使用情况的分析,成分 2 可以归因于如医疗设施、农业化肥和杀虫剂等人为因素,而不是自然因素。

以 As 为主要特征的成分 3 占总方差的比例是 16.128 理处 8%,这与 As 与其他元素相关性不显著的结果相一致,说明 As 有单独的污染源。强烈的人为活动,如生物固体和肥料的使用、煤炭燃烧的灰烬以及油田的开发等已被证明是重要 As 源。结合先前对 As 污染指数的评价,郑州各采样区 As 污染极低。因此,可以初步确定主要造成 As 污染的成因为自然条件的背景值。所提取的三个主成分系数矩阵的三维散点图见图 4-2。

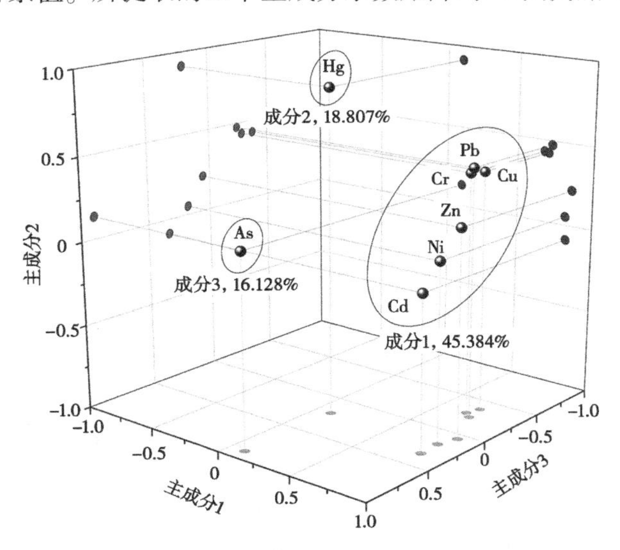

图 4-2　所提取的三个主成分系数矩阵的三维散点图

采用 *KMO* 检验统计量比较变量间的简单相关系数和偏相关系数。通过分析计算发现,道路灰尘中重金属间的 *KMO* 值为 0.680,高层灰尘中金属间的 *KMO* 值为 0.698。球形 Bartlett 检验是对变量关联度的一种检验方法,道路沉积物和高层灰尘中关联度显著水平均为 0,说明实际相关矩阵与假设单位矩阵之间存在显著性差异。因此,粉尘样品中重金属的浓度值适合进行因子分析。各初始变量的共同度,即各待解释初始变量的比例,以及提取的各主成分中各金属元素的因子负荷矩阵如表 4-3 所示。Kaiser 提出的最大方差方法通过正交旋转来最小化每个因素高负荷变量的数量,简化了对因素的解释。

表 4-3　主成分分析方法(PCA)提取道路沉积物和高层灰尘样本中 8 种重金属浓度元素成分的矩阵

元素	道路灰尘				高层灰尘			
	成分			共同度	成分			共同度
	1	2	3		1	2	3	
Cr	**0.937**	0.161	0.208	0.947	**0.685**	**0.621**	0.247	0.915
Ni	0.077	0.026	**0.953**	0.916	**0.833**	0.385	-0.100	0.852
Cu	**0.544**	0.429	**0.570**	0.804	0.390	**0.774**	0.075	0.757
Zn	0.273	0.486	**0.615**	0.688	0.426	0.338	**0.722**	0.817
As	0.101	**0.973**	0.010	0.956	0.037	**0.930**	0.080	0.873
Cd	0.379	**0.798**	0.392	0.934	**0.937**	-0.029	-0.135	0.896
Pb	**0.901**	0.179	0.070	0.849	**0.868**	0.327	0.065	0.864
Hg	**0.551**	**0.532**	0.442	0.782	-0.328	-0.027	**0.849**	0.830
特征值	4.814	1.069	0.993		4.345	1.592	0.868	
方差/%	60.173	13.357	12.416		54.312	19.901	10.848	
累积方差/%	60.173	73.530	85.947		54.312	74.213	85.061	

注:成分中高因子负荷已被加粗。

在道路沉积物中,通过识别旋转后每个因素的总方差提取了 3 个主成分,占所有变量的 85.947%(见图 4-3)。道路灰尘会受到车辆和人类的“搅拌”作用,而且它的来源比较复杂,所以一些金属不能在某一确定的主成分上形成较大负荷,这可能是为什么第三个主成分中 Cu 和 Hg 的负载差异都不是很明显。主成分 1 以 Cr 和 Pb 负荷为主,其次是 Hg 和 Cu,占总方差的 60.173%。Cr 主要以铁合金(如铬铁)的形式用于生产不锈钢和各种合金钢;镀铬和渗铬可以使钢、铜等金属形成耐腐蚀的表面,因此被广泛应用于家具、汽车零部件、建筑等行业。Pb 可用做电池、电缆、子弹和弹药的原料,也可用做汽油的添加剂;它的化合物被用做油漆、玻璃、塑料和橡胶的原料。此外,由于其优异的耐酸碱腐蚀性能,它被广泛用于建造化学和冶金设备,也可以用作沥青的稳定剂。粗颗粒物中的 Pb 和 Cu 的富集因子对人类的活动更为明显。Pb 作为汽油添加剂对道路灰尘造成的污染已经被许多学者证实。早在 1999 年,郑州市人民政府就发布了《关于禁止销售和使用车辆含铅汽油的通知》,并实施了相关的有效措施。2016 年,政府正式提出和使用国家阶段的升级方案 V 车用乙醇汽油、柴油质量标准。尽管如此,在本次采集到的灰尘样本中,仍然存在中度,甚至相当大程度的 Pb 污染,尤其是在高层灰尘样本中。这可能是因为早期土壤中累积的 Pb 在这段时间内并没有完全降解,同时也说明了禁止含 Pb 汽油的使用是一项重要举措。Hg 经常用于工业制造化学药品、电子产品、杀虫剂、电解设备和催化剂中的电极，而且根据观察，含 Hg 颗粒通常是交通污染的其他金属元素的同义词。Cu 广泛应用于电气、轻工业、机械制造、建筑工业、国防工业等领域。此外，Brown 等发现 Pb 和 Cu 都与车辆的机械磨损有关，并且在所有位置和颗粒尺寸分数上都表现出高度相关性。综合分析可知，主成分 1 可分为建筑行业和沥青路面磨损及运输车辆部件。

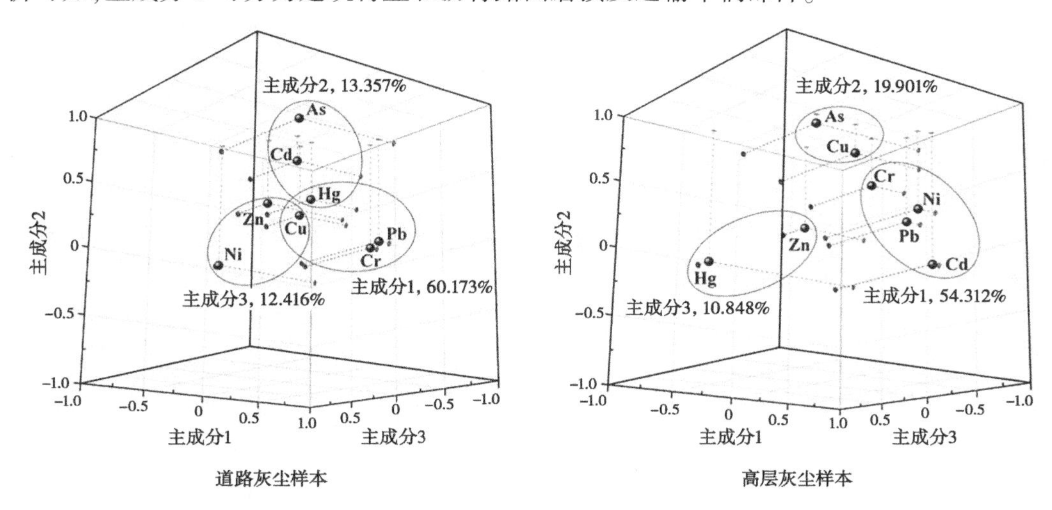

图 4-3　具有高层灰尘样本采集点下道路沉积物灰尘和高层灰尘样本中影响重金属含量的 3 种主成分的系数矩阵散点图

主成分 2 对总方差的贡献率为 13.357%，高负荷元素为 As 和 Cd，其次是 Hg，而 Zn 和 Cu 的负荷可以忽略不计。As 化合物通常被添加到除草剂和灭鼠剂中，用于涂料、墙纸和陶器的制造，以及半导体、耐腐蚀钢和药品中。Cd 被用于制造电池和电镀以防止腐蚀，它的化合物也被广泛用于制造颜料、油漆、荧光粉、杀虫剂、光电池等。根据主成分 2 的高负荷元素特征和频繁施用的特点，初步判断主成分 2 代表化肥、农药等农化产品。

第三个因素以 Ni 负荷为主，Zn 和 Cu 为中度负荷，占总方差的 8%。Ni 因其优异的耐腐蚀性能被应用于电镀以避免生锈，也可用于合金、催化剂、货币和不锈钢。Zn 因其熔点高，可用于钢铁、冶金、机械、化工等领域，也可用于轮胎、汽车金属部件和润滑油中。金属的富集系数随着累积时间的延长而增大，其中 Zn 的富集系数最高。研究表明，Ni、Zn 和 Cu 被用于汽车零部件，并与交通强度和车辆轮胎磨损有关。这个来源与城市电镀材料的磨损和金属表面风化材料及其他合金的腐蚀有关。

与道路灰尘的主成分分析结果相比，高层灰尘中重金属的分析结果更为理想，每个金属的载荷分布更加集中在某一确定的主成分（见图 4-3）。它可以用这一事实来解释，即高层灰尘较少受到人类活动的影响，且来自一个相对单一的污染源。高层灰尘中的主成分 1 Cd、Pb、Ni 和 Cr 荷载较高，占所有变量的 54.312%，可归因于电镀、合金和建筑材料。主成分 2 占总方差的 19.901%，主要由 As、Cu、Cr 负荷。钢材及水库、围栏、燃气管道等部件都含有 Cu、Cr 和 As。最终初步确定主成分 2 是不锈钢制品长时间暴露在空气中的腐蚀。主成分 3 主要由 Hg 和 Zn 组成，占所有变量的 10.848%。Zn 作为一种与交通有关的污染物,在所有粒径成分和所有位置都与 Hg 的相关性几乎为 100%。或许高层建筑上悬浮的道路灰尘的再沉积可以解释交通相关污染源造成的主成分 3。

因子 1 对于 Cr、Cu、Pb 和 Hg 的贡献高于其他因子,这符合主成分分析识别中高负荷得到的结论(见表 4-4)。因子 2 对 Zn、Cd 和 Hg 有较高的贡献,而因子 3 对每个金属元素的贡献都较低。从物理上来讲,不可能有未识别的污染源对 Cu、Cd 和 Hg 金属产生负向贡献,但是众所周知,主成分分析会产生负的源贡献。在高层灰尘中,因子 2 对金属 Cr、Cu、Zn 和 As 的正向贡献较高,而未被识别的污染源"抵消"了因子 2 对于 Zn 的贡献。对于金属 Ni、Cd 和 Pb 来说,因子的贡献更大,其实是对于 Cd 的贡献(77.40%)。高层灰尘样本中因子 3 与道路灰尘中因子 3 相同对重金属的贡献低于前两个因子。然而,未识别污染源对高层灰尘样本和道路灰尘中 Hg 分别是显著的正贡献和负贡献。虽然该模型不要求提前知道排放源清单,但是污染防治必须明确每个污染源的贡献以及未识别源的类型。

表 4-4　高层及道路灰尘中已识别和未识别污染源的贡献率

元素	道路灰尘/%				高层灰尘/%			
	因子 1	因子 2	因子 3	未识别源	因子 1	因子 2	因子 3	未识别源
Cr	**54.34**	9.36	4.49	31.81	37.74	**71.20**	3.16	-12.10
Ni	7.46	1.72	28.65	**62.17**	**43.13**	**41.50**	-1.20	16.57
Cu	**95.14**	77.82	35.17	**-108.13**	30.53%	**126.07**	1.37	-57.97
Zn	24.98	**51.11**	24.21	-0.30	**71.67**	**118.29**	28.29	**-118.25**
As	4.78	44.24	0.19	**50.79**	1.34	**69.74**	0.67	28.25
Cd	83.45	**198.27**	35.67	**-217.39**	**77.40**	-5.13	-2.59	30.32
Pb	**50.21**	10.88	1.76	37.15	**44.48**	34.86	0.78	19.88
Hg	**138.37**	**120.93**	26.07	**-185.37**	-62.11	-10.26	37.17	**135.20**

注:高贡献值已加粗。

金属元素间检测浓度和预测浓度值间良好的一致性(大部分金属 R^2>0.80)(附表 A1 和附表 A2)表明 APCS-MLR 受体导向源解析模型适用于估算城市灰尘样本中重金属的来源贡献。道路沉积物中 Zn 和 Hg 的多元线性拟合结果一般,后续研究可以考虑更多的样本数据进行分析。

4.1.3　正定矩阵因子分解法

正定矩阵因子分解法(positive matrix factorization,PMF)是 Paatero 等在 1994 年首次提出的一种用于来源分配的受体模型,该方法可在没有污染源成分谱的条件下,利用矩阵因子分解的方法解析污染物各类污染源的源谱及每种污染源的贡献率。与主成分分析不同的是,PMF 模型对因子载荷和因子得分进行了非负约束,避免了像主成分分析结果中出现的负贡献情况,使得源成分谱和污染源贡献率具有明确的可解释的物理意义。该受体模型是一个多元因子分析工具,将样本中重金属浓度数据矩阵 $\boldsymbol{M}_{X(ij)}$ 分解为源贡献率矩阵 $\boldsymbol{M}_{g(ik)}$、源成分谱矩阵 $\boldsymbol{M}_{f(kj)}$ 两个因子矩阵与一个残差矩阵 $\boldsymbol{M}_{e(ij)}$ 的和,用户需要对这些因子分布 F 进行解释,以利用测量的源分布图信息以及排放物或排放清单来识别可能对样本有贡献的源类别。具体计算公式如下:

$$X_{ij} = \sum_{k=1}^{p} g_{ik} \cdot f_{kj} + e_{ij} \tag{4-2}$$

式中:X_{ij} 表示样本 i 中检测到的 j 金属浓度值;p 是因子数,为污染源的数量;g_{ik} 表示因子 k 对于样本 i 的相对贡献;f_{kj} 表示污染源因子 k 中 j 金属浓度值,即贡献浓度;e_{ij} 是残差矩阵,为模型中未能解释的样本中金属浓度矩阵的部分。

该模型基于加权最小二乘法进行限定和迭代计算,不断分解浓度值矩阵 $\boldsymbol{M}_x$,得到最优源贡献率矩阵 $\boldsymbol{M}_g$ 和源成分谱矩阵 $\boldsymbol{M}_f$,使目标函数 Q 最小化以得到最优化目标。目标函数 Q 定义式如下:

$$Q = \sum_{i=1}^{n} \sum_{j=1}^{m} \left[\frac{X_{ij} - \sum_{k=1}^{p} g_{ik} f_{kj}}{u_{ij}} \right]^2 \tag{4-3}$$

式中:u_{ij} 表示样本 $i(i=1,2,\cdots,n)$ 中检测到 j 金属 $(j=1,2,\cdots,m)$ 浓度值的不确定度,如果浓度值小于或等于所提供的方法检出限(method detection limit, MDL),mg/kg,则使用 MDL 的固定分数去计算不确定度,取 5/6MDL;如果浓度值高于所提供的 MDL,则不确定度的计算将基于用户所提供的浓度分数和 MDL,公式如下:

$$u_{ij} = \sqrt{[MDL_j^2 + (a_j \times x_{ij})^2]} \tag{4-4}$$

式中:X_{ij} 为样本 i 中 j 元素的浓度值;a_j 为 j 金属元素不确定度比例系数,无量纲,参数取值如表 4-5 所示。

表 4-5　PMF 模型源解析不确定性计算参数

参数	Cr	Ni	Cu	Zn	As	Cd	Pb	Hg
MDL	2	1	0.6	1	0.4	0.09	2	0.002
a_j	0.2	0.2	0.1	0.1	0.1	0.1	0.1	0.2

4.1.3.1　模型数据

1. 数据文件

运行 EPA PMF 5.0 软件,第一个窗口是模型数据(Model Data)选项卡下的数据文件(Data Files),在此窗口下,用户可以提供文件位置信息,并做出运行模型时所需的选择。该屏幕有 3 个部分:输入文件(Input Files)、输出文件(Output Files)和配置文件(Configuration File)。本书导入的数据文档包括浓度值(Conc)、不确定度(Unc)以及采样点信息(Sites)。

2. 浓度值/不确定度

首先,模型对输入的数据进行基础分析。详细了解来源、采样和分析不确定性是确定物种类别的最佳方式。但如果数据集的详细信息不可用,可用信噪比来对一个或多个物种进行分类。信噪比 S/N(Signal-to-noise ratio)表示测量中的可变性是真实的还是在数据的噪声范围内。在新模型计算中,只有超过不确定性的浓度值才会对信噪比计算的信号做出贡献,因为浓度值本质上等于信号和噪声的总和,因此信号是浓度和不确定性值间的差异。模型在确定信噪比时进行两种计算,其中低于不确定度的浓度值被确定为没有信号,对于高于不确定度的浓度,浓度值 x_i 和不确定度 S_i 之间的差值被用作信号值。

$$d_{ij} = \frac{x_{ij} - S_{ij}}{S_{ij}} \quad \text{if} \quad x_{ij} > S_{ij} \tag{4-5}$$

$$d_{ij} = 0 \quad \text{if} \quad x_{ij} < S_{ij} \tag{4-6}$$

接着信噪比以下公式进行计算:

$$\left(\frac{S}{N}\right)_j = \frac{1}{n}\sum_{i=1}^{n} d_{ij} \tag{4-7}$$

为了保守地使用信噪比进行物种分类,当信噪比小于 0.5 时,将物种分类为“坏”;如果信噪比大于 0.5 但小于 1,将物种分类为“弱”;否则,物种类别为“强”。输入数据统计结果如表 4-6 所示。

表 4-6　PMF 基本运行信息

元素	Cr	Ni	Cu	Zn	As	Cd	Pb	Hg
物种类别	强	强	强	强	强	强	强	强
信噪比 S/N	3.8	3.6	8.5	8.9	8.4	3.6	8.0	4.0
最小值	19.00	6.31	6.98	31.49	6.16	0.12	19.31	0.03
第一四分位(25th)	32.97	9.79	15.31	87.35	9.77	0.29	37.23	0.07
中间值(50th)	40.58	12.20	22.45	111.69	11.05	0.44	44.21	0.14
第三四分位(75th)	58.74	14.26	32.06	146.29	12.99	0.64	63.95	0.33
最大值	361.81	119.89	159.89	650.64	17.98	4.73	160.62	1.01
建模样本百分比/%	100	100	100	100	100	100	100	100
原始样本百分比/%	100	100	100	100	100	100	100	100

3. 浓度散点图

浓度散点图(附图 A1~附图 A4)显示了两个指定物种间的散点图,可通过物种间的相关性来分析相似的来源或源类别,图中显示了一对一的直线(实线)和线性回归线(虚线)。由散点图可知,Cr 与 Cu 和 Pb 的相关性较高,初步分析它们之间有相似的污染源类别。

4.1.3.2　基础模型的运行及结果

1. 基础模型运行(Base Model Runs)

所有重金属最初均用于基础模型运行、设置 4 个因子进行 20 次基本运行,最初使用随机种子来评估运行中的可变性,运行结果显示为收敛,以下结果基于随机种子数为83的种子数。

2. 残差分析(Residual Analysis)

根据模型运行结果显示,Zn、As和Hg模型良好,所有残差都在+3到-3之间,并且As元素残差基本呈正态分布(见图4-4),重金属残差超过+3和-3的采样点需要在观察/预测散点图和时间序列屏幕中进行评估。

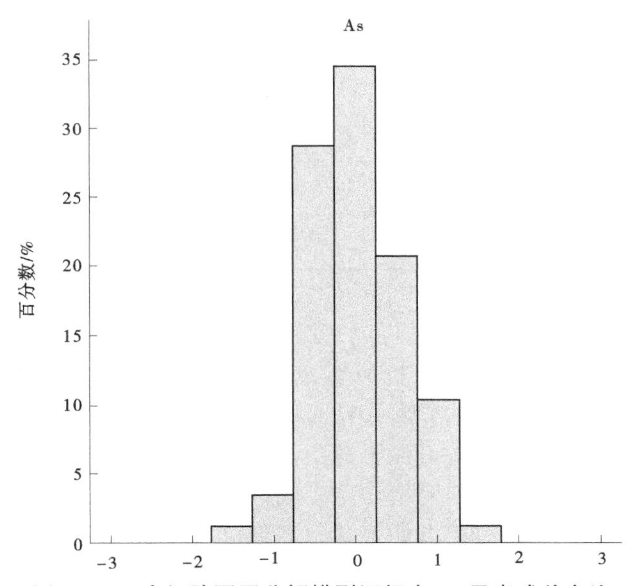

图4-4 正定矩阵因子分解模型运行中As元素残差占比

3. 观察/预测散点图(Obs/Pred Scatter Plot)

观察(输入数据)值和预测(模拟)值之间的比较有助于确定模型是否很好地适合物种元素,表4-7显示了每个元素值的基本运行统计数据,以表明模型对每个物种元素的拟合程度。Hg和As的测定系数较高,显示出较好的拟合性。此外,所有金属元素数据残差均呈现正态分布。

观察/预测散点图(Obs/Pred Scatter Plot)显示的是所选金属元素的观测(x轴)和预测(y轴)浓度(附图A5)。附图A5也提供了一条实线的一对一(One to One)直线作为参考,完美的拟合匹配结果会恰好在这条线上排列,回归线显示为虚线。根据附图A5可知,As和Hg的拟合程度较好,这或许是因为不同采样点灰尘样本中As和Hg含量值分布较为集中,在郑州市不同研究点内的差异性较小。

4. 观察/预测时间序列(Obs/Pred Time Series)

在本文中源贡献的时间序列应显示采样点间的可变性,一个采样点受到影响,而其他采样点的影响可以忽略不计,这可能表明源的组分不一致。观察/预测图提供了最重要的信息,观察值与预测值之间存在较大差异(残差)的采样点最有可能受到更独特来源的影响,并应该从分析中移除。在这两种情况下,在进行多个采样点PMF分析之前,需要对贡献或残差中存在显著差异的一个或者多个采样点进行更为详细的评估。在本次运行中数据的时间序列图被用来演示 PMF 中组合的多个采样点。

表 4-7　观测值/预测值散点图中各金属元素基本参数值

元素种类	Cr	Ni	Cu	Zn	As	Cd	Pb	Hg
测定系数 r^2	0. 290 05	0. 159 90	0. 602 75	0. 974 42	0. 917 85	0. 393 28	0. 463 42	0. 997 56
截距	33. 076 00	10. 589 44	12. 073 02	13. 310 58	0. 548 41	0. 370 15	24. 213 83	0. 001 67
截距标准差	2. 246 43	0. 479 42	1. 376 47	2. 579 07	0. 357 47	0. 020 28	2. 814 58	0. 001 71
斜率	0. 211 50	0. 104 01	0. 462 48	0. 889 21	0. 946 95	0. 176 51	0. 426 70	0. 989 82
斜率标准差	0. 035 89	0. 025 86	0. 040 72	0. 015 63	0. 030 73	0. 023 78	0. 049 80	0. 005 31
标准差	12. 797 93	2. 945 95	7. 734 98	13. 564 99	0. 654 53	0. 139 21	11. 441 56	0. 011 23
正态残差	正态	正态	正态	正态	正态	正态	正态	正态

观察/预测散点图所显示的数据与观察/预测时间序列图显示的数据(见图 4-5)相同,该金属元素的观察(导入模型)数据以实线显示,预测(建模)数据以虚线显示。通过分析发现,在各金属元素观察值的异常高浓度值点处,通过 PMF 模型建模后的预测值均会削减这些高值,这也消除了异常值对于模型分析结果会产生干扰的隐患。在其他采样点中模型与观测数据吻合良好,说明模型可以较好地接受正常采样点处各金属的浓度值并可以对残差点进行一定的处理,以使得模型结果更为理想。

5. *源谱/贡献*(Profiles/Contributions)

PMF 模型运行结果给出了对各金属元素含量有贡献的因子,每个因子显示两个图表:因子分布图和每个因子中每个样本的贡献图。因子分布图(见图 4-6)中条状显示了每个物种分配给该因子的浓度值,正方形显示了分配给该因子的每种物种的百分比,左 y 轴为浓度值,是对数刻度;右 y 轴为物种元素的百分比。因子贡献图(见附图 A6)显示了每个因子对样品总质量的贡献,标准化后的贡献使得每个因素所有贡献的平均值为 1。

因子 1 对样本中 As 浓度的贡献为 49. 9%。这个结果与对道路灰尘中重金属元素进行主成分分析的结果相同,主成分 3 也是以 As(0. 906)为主要负荷。根据先前 As 与其他金属相关性和主成分分析的结果,因子 1 很有可能代表的是自然条件的背景值。因子 2 对金属 Hg 含量的贡献占比值为 90. 4%。这与对街尘重金属进行主成分分析的结果相同,主成分 2 主要为 Hg(0. 915)负荷。因此,医疗设施、农业化肥和杀虫剂等含有 Hg 金属的产品是第二种影响因素。

因子 3 主要对 Zn 和 Cd 浓度贡献较高,分别是 66. 1%和 38. 9%。据报道,Zn 元素存在于汽车尾气中,与城市交通有关,污染物可通过大气沉降和道路灰尘颗粒物吸附过程在城市道路灰尘中进行积累。此外,轮胎胎面胶中添加的 Zn,主要为 ZnO,少量为各种有机锌化合物,以促进橡胶的硫化(Rahman, 2019)。Cd 也是轮胎和润滑剂中的一种重要的元素(Duanand Tan,2013)。根据分析金属在城市中的应用情况可知,因子 3 为与交通相关的废气排放和道路轮胎磨损。

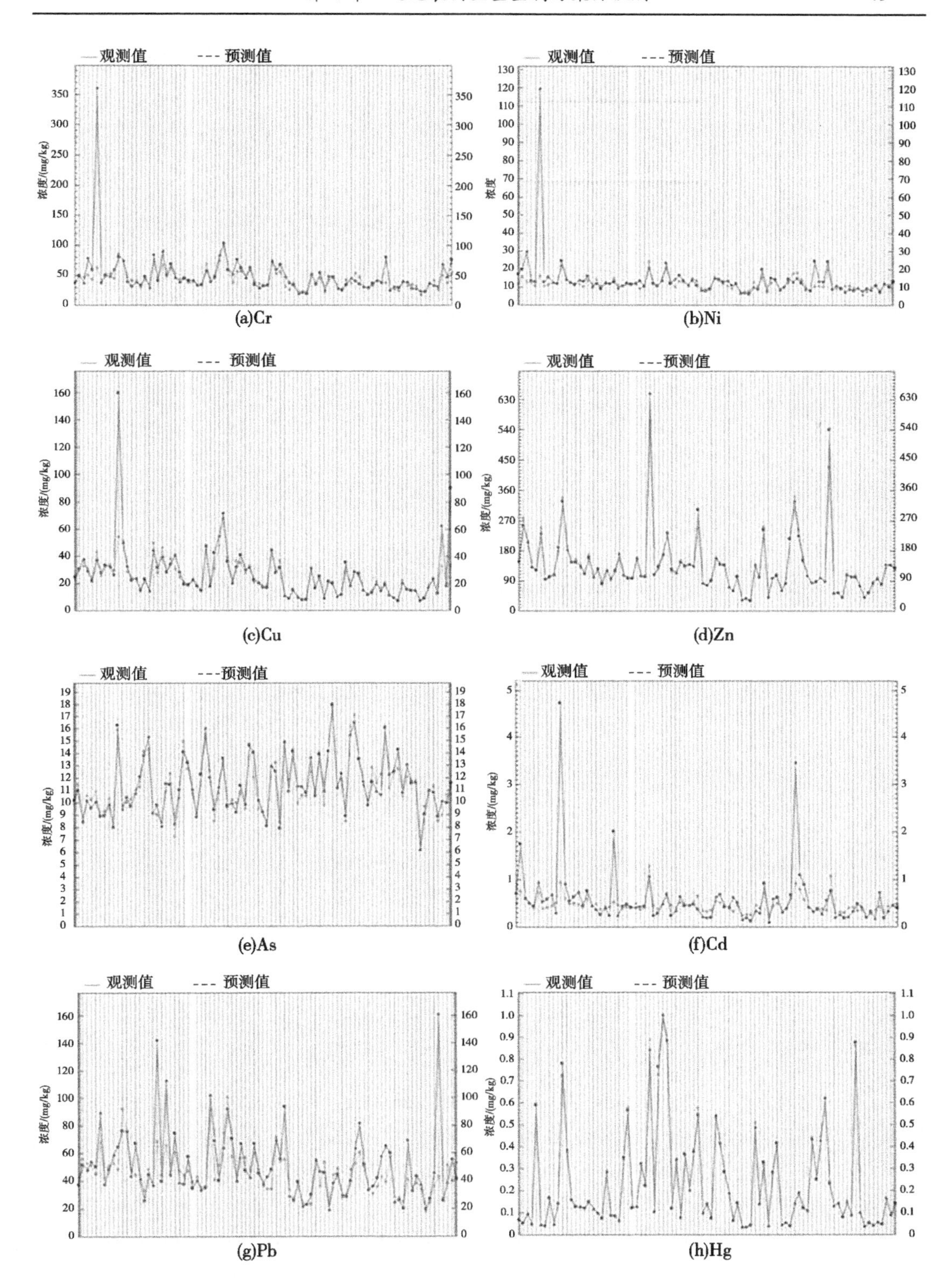

图 4-5　PMF 模型基础运行各重金属元素观察/预测时间序列

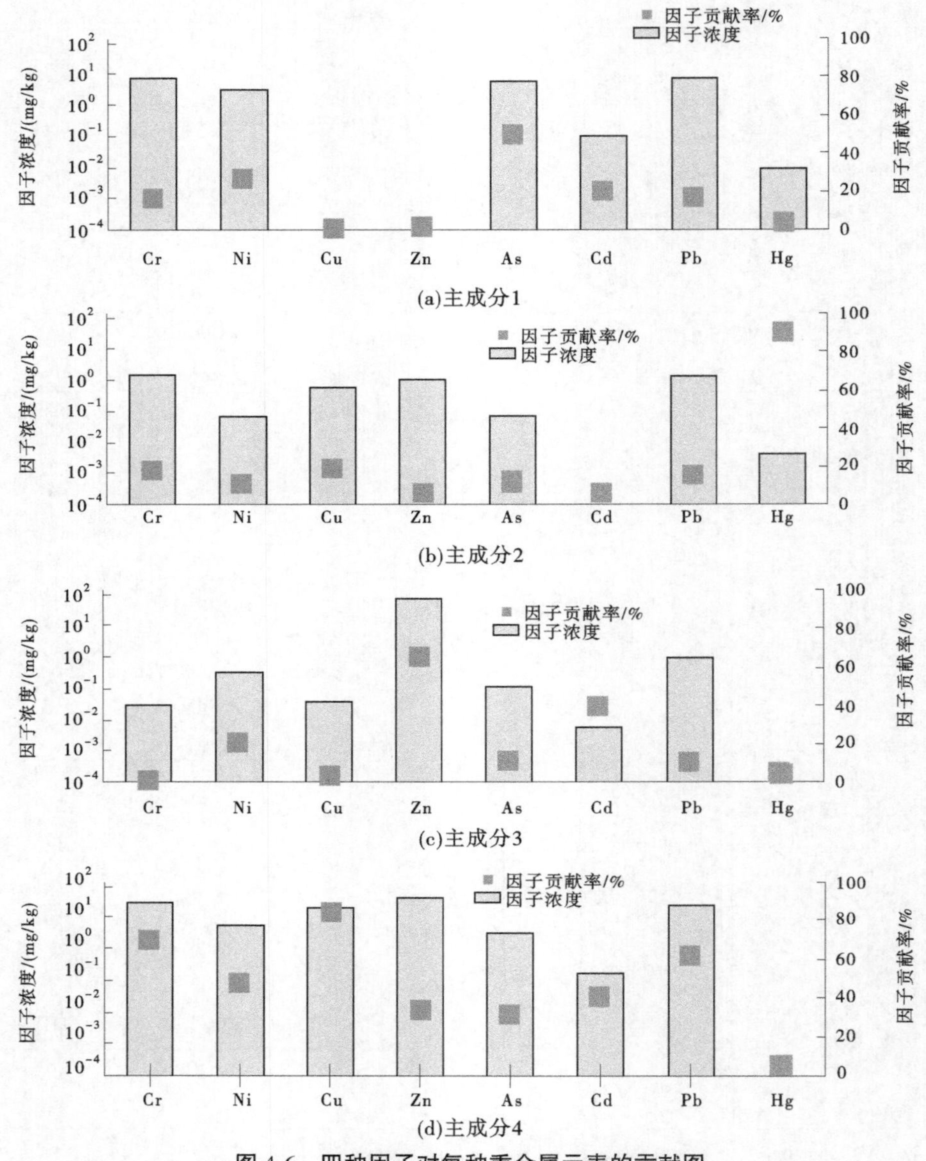

图 4-6　四种因子对每种重金属元素的贡献图

由图 4-6 中 PMF 模型的运行结果可知,因子 4(Factor 4)分别解释了道路灰尘沉积物中 Cu、Cr、Pb、Ni 和 Cd 浓度的 79. 3%、64. 1%、56. 4%、43. 2%和 35. 9%。这些金属元素常被用于建筑材料的生产中,Cu、Ni、Cd 用于车辆部件如制动器、金属体和车架的制作,柴油、刹车片及汽车油漆中也有 Cd 元素的存在(Wahab,2019)。Cr 和 Cu 广泛用于皮革、油漆生产,工业废气废水可能会造成环境污染(Mohmand)。汽油、道路油漆及燃煤的煤灰中含有 Pb,早在 1999 年,郑州市就开始正式禁止销售和使用车辆含 Pb 汽油。此外,河南省环保厅组织专家于 2013 年启动了全省大气灰霾污染专项研究,开展了大气污染源解析工作,在 2015 年的专项研究报告结果中表明燃煤、机动车、工业过程和扬尘是河南省

$PM_{2.5}$ 指标的四大主要污染来源,就省会郑州市来说,扬尘对主城区的 $PM_{2.5}$ 贡献率最大,达到 25.4%,其对 PM_{10} 的贡献率更是接近 40%。此后,郑州市把控制燃煤总量作为改善空气质量的首要任务,开始实施燃煤污染物减排、强力推进非电燃煤锅炉拆改等相关措施。2019 年,全市燃煤消费总量比 2015 年下降 33.6%,非电燃煤锅炉有望实现清零。由此可见,近年来郑州市政府对于城市 Pb 含量管控实施了一系列的有效措施。结合研究区域当地的实际情况,判断因子 4 为城市建设材料及金属物质的使用。

软件中可在配置文件/贡献选项卡上进行“Q/Q_{exp}”切换,Q_{exp}($Q_{expected}$)等于 X 中非弱数据值(“强”或“坏”)的数量减去 G 和 F 中元素的数量加在一起的值。对于每个物种,一个元素的 Q/Q_{exp} 是该物种元素比例残差的平方和除以总体的 Q 期望值再除以其中强物种元素的数量。对于每个样,Q/Q_{exp} 是所有物种元素比例残差的平方和除以物种数。特别是在样本或者物种元素不好建模的情况,对 Q/Q_{exp} 进行分析可以有效理解 PMF 方法运行的残差。

本次运行结果中,通过对元素的比较发现 Cu、Cd 和 Pb 的 Q/Q_{exp} 值较高[见图 4-7(a)],这表明通过添加另一个源可以更好地解释郑州市建筑材料和金属制品的使用。此外,Q/Q_{exp} 值在各采样点的位点序列显示,与其他采样点相比,采样点 CA1(2)的值最高[见图 4-7(b)]。该研究点处于郑州市中心繁华的老商业区二七广场,并且分析其原始浓度数据发现采样点与其他两个次样本数据相比,含有最高的 Cr、Ni、Cu、Zn 元素。在先前的来源影响分析中发现该类因素与城市建设中使用的金属物质有关,另外这类元素也被用于制造与车辆相关的配件。综合以上分析,本次 PMF 模型运行的残差主要是由于某采样点样本中重金属含量普遍较高导致的,这归根于该研究点具有较高的人口密度和车流量且高楼大厦耸立,空气流通不畅,更容易造成颗粒污染物的聚集和积累。这也警示着人们要多关注城市公民聚集点环境指标变化。在图 4-5 观察值和模拟预测值的拟合程度中可以看到,PMF 模型可以很好地“吸收”正常数据点,降低浓度异常值的影响,以使得模拟结果更加理想。

6. 因子指纹(Factor Fingerprints)

在因子指纹结果中,每种物种元素对每个因子贡献的浓度值(百分比)显示为堆积条形图(见图 4-8),它可用于确定单个物种的因子分布。Hg 元素对因子 2 贡献的浓度值占比高达 90.4%,对因子 1 和因子 3 贡献的浓度占比仅为 3.7%和 5.9%。而 Cd 金属元素对于因子 3 和因子 4 贡献的浓度值都较高,分别为 38.9%和 35.9%(见附表 A3)。这些相同意义的数据在图 4-6 中是以各自因子分开展示的。

7. 因子贡献(Factor Contributions)

因子贡献显示了两个图表。顶部的图表是一个饼图,显示了 PMF 模型处理下每个元素种类在 4 种因素中的贡献,这与上面的条形堆积图均为附表 A3 数据的不同表达形式。图 4-9 显示了所有因素对样品总质量的贡献,这可用于检查主要污染源示踪元素在因子间的分布。该图被标准化,使得每个因子的所有贡献的平均值为 1,以允许源贡献在不同采样点模式下的比较。

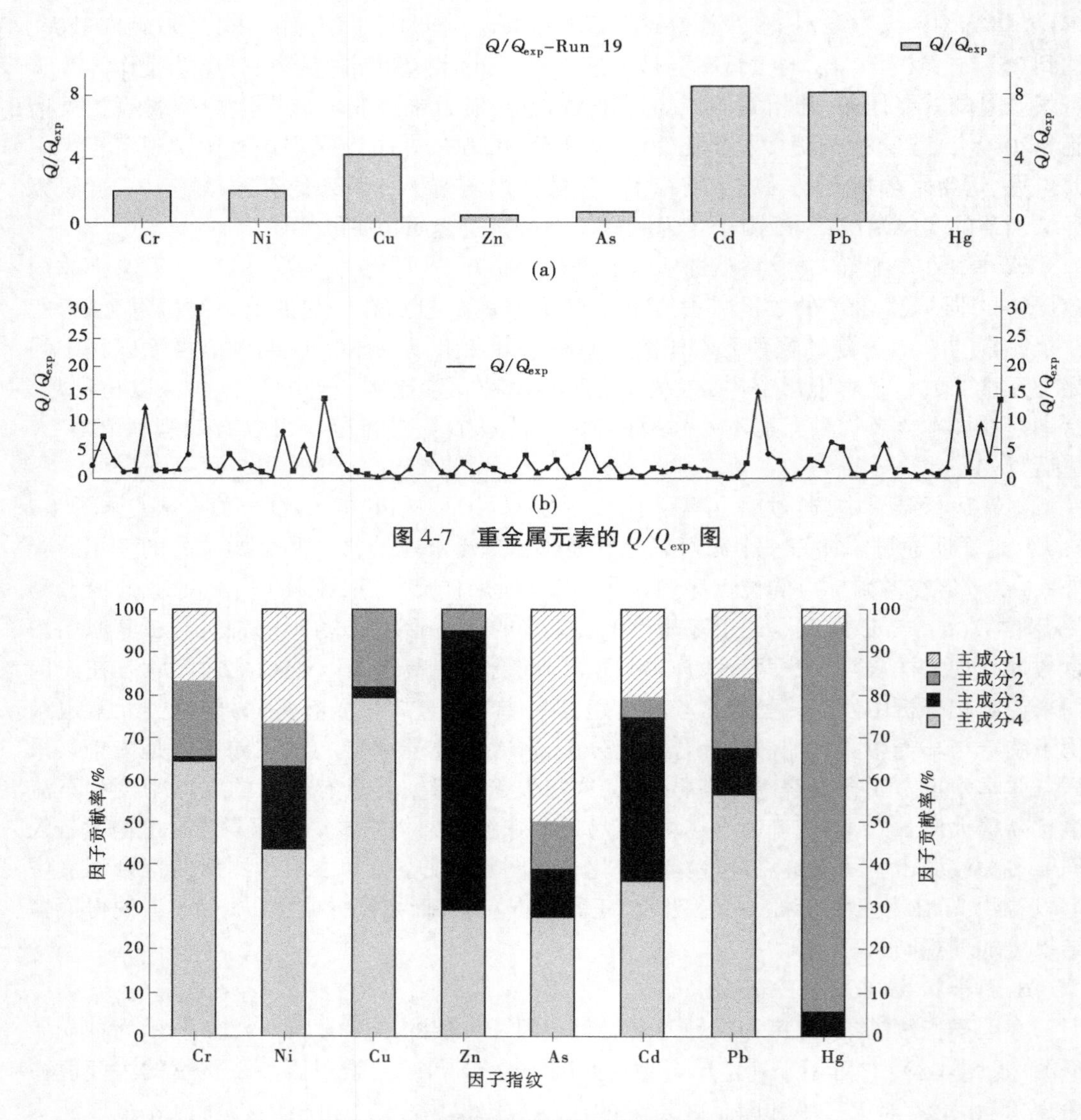

图 4-7 重金属元素的 Q/Q_{exp} 图

图 4-8 各元素对每个因子贡献比的条形堆积

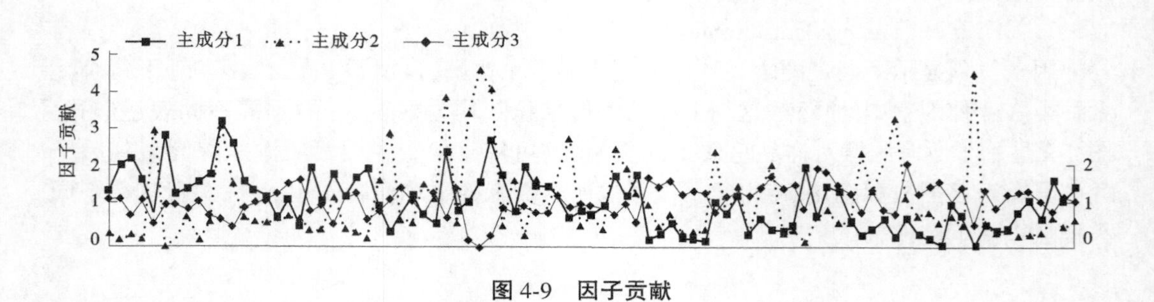

图 4-9 因子贡献

4.1.4　Unmix

该受体模型是由美国环境保护署颁布的,能够通过受体浓度的高低直接进行源解析,模型可对污染源进行分类判别,还可定量表达不同污染源对特定元素的贡献率。Unmix 的基本理念是让数据自己说话,模型旨在解决一般混合问题,在这个问题中,数据被假定为未知数量的未知成分来源的线性组合,这些来源对每个样本的贡献是未知的。该模型同 PMF 模型一样假设源的组成和贡献都是正的,还假设对于每个源中,都会有一些样本包含很少或者不包含来自该源的贡献。基于以上假设条件,Unmix 使用给定物种元素的浓度数据,评估污染源类别的数量、源组成以及污染源对每个样本的贡献。该模型数学式如下:

$$C_{ij} = \sum_{k=1}^{m} F_{jk} S_{ik} + E \tag{4-8}$$

式中:C_{ij} 表示第 $i(i=1,2,\cdots, N)$ 个样本中第 $j(j=1,2,\cdots, n)$ 个重金属物种的浓度含量;F_{jk} 为第 j 个物种在污染源 $k(k=1,2,\cdots, m)$ 中的质量分数,表示源组成;S_{ik} 为源 k 在第 i 个样本中的总量,表示源贡献率;E 表示各个源组成的标准偏差。具体源解析工作在 Unmix 6.0 软件中完成。

众所周知,多元受体模型的一般混合性问题和特殊情况都是不适定问题。未知量比方程多,因此可能有许多不同的解,它们在最小二乘的意义上都一样好。这些问题无法识别,但可以通过施加附加方程条件来解决,定义一个唯一解。如果数据包含 M 个物种元素的多个观测数据,则可以在 M 维数据空间中绘制数据,其中数据点坐标为该物种在采样期间的观测浓度。如果有 N 个源类别,则可以将数据空间简化为 $N-1$ 维空间。假定对于每个数据源,都有一些数据源的贡献不存在或与其他数据源相比较小的数据点。这些被称为边缘点(Edge Point),Unmix 的工作原理就是找到这些点并拟合成一个超平面;这个超平面叫作边(如果 $N=3$,这个超平面就是一条线)。根据定义,每条边定义了单个源没有贡献的点。如果有 N 个源,那么 $N-1$ 个超平面的交点就定义了一个只有一个源的点。因此,这一点就给出了源组分。这样就可以找到 N 个源的组成,并由此计算出源贡献,从而得出与数据最吻合的结果。

该模型要求所导入的物种浓度数据值大于 0,而当某个样本中浓度值小于或等于 0 时,用该物种元素方法检出限的一半来代替。本研究采集到的样本中各重金属元素值均大于 0,且无缺失值,因此可以直接参与计算。

所有多变量受体模型的结果都会被降级,因为模型中包含了噪声占主导地位的物种元素。不可避免的是,噪声物种中的误差会扩散到由模型确定的所有源类别中。因此,最好从模型中去除已知具有高水平噪声的物种,先添加测量误差最小的物种。因子分析用于估计每个物种与其他物种共有的因子相关的方差分数,以及与每个物种元素唯一相关的方差分数(技术上称为独特性)。在模型中对所有物种元素进行“建议排除(Suggest Exclusion)”,模型建议将特定方差 SV(Specific Variance)超过 50%的物种排除在进一步的 Unmix 建模之外,结果显示,As 和 Pb 的 SV 值为 0.60,Unmix 模型建议最好先排除所有不符合最低质量要求的物种。

本书先将 As 和 Pb 元素移除,在对物种元素选择的过程中,根据数据在模型中试运行的表现,将 Cr、Ni、Cd 和 Hg 元素放置在被选择物种(Selected Species)中,“选择初始物种(Select Initial Species)”命令按钮,对物种元素数据进行分析,使用最大方差因子分析中荷载最大的物种来找到一个物种选择,该物种给出一个具有非常好的信噪比特性的 4 源或 5 源模型,如果没有找到,则尝试 3 源解决方案,本次对道路灰尘重金属元素进行操作的过程中,没有找到初始解决方案。使用“建议新增物种(Suggest Additional Species)”工具进行物种选择,Zn 元素自动移动到被选择物种中,Unmix 运行结果给出了 3 源解决方案,Min Rsq = 0. 85,Min Sig/Noise = 2. 14,表明数据可以用最小 r^2 值为 0. 85 的三源模型来解释,这意味着每个物种元素至少 85%的变异可以用三个来源来解释。Unmix 6. 0 模型要求运行结果大于系统最小值,Min R>0. 8,信噪比的最低值需大于 2,即 Min Sig/Noise>2,由此可知,本书运行结果是可信的。将其他未被选择的物种逐一添加到所选物种中,模型解释占比及显著和强物种数量无明显差异;且在前期对灰尘重金属元素分布特征的分析中发现数据分布较为合理。因此,本书在接下来的基本运行过程中,选择所研究的 8 种金属元素进行分析。运行源数量为 3,运行类型为单独运行 I(Individual Runs),结果表明每个物种元素至少 83%的变异可以用 3 个来源来解释(Min Rsq = 0. 83),各源组分如表 4-8 所示。

表 4-8　Unmix 模型运行源组成结果

物种元素	源 1	源 2	源 3
Cr	8. 510	16. 200	**26. 800**
Ni	2. 710	3. 370	**8. 450**
Cu	**9. 780**	**12. 300**	5. 300
Zn	**41. 200**	**61. 900**	32. 600
As	2. 360	**4. 740**	2. 490
Cd	**0. 407**	0. 103	0. 088
Pb	10. 800	**22. 300**	13. 900
Hg	0. 020	**0. 219**	0. 006

以往研究表明,Unmix 模型可以很好地识别土壤和城市灰尘中重金属的污染源并给出各污染源的贡献率。由图 4-10 可知,源 1 对金属 Cd(68%)、Cu(36%)和 Zn(30%)元素的贡献较高;源 2 对金属 Hg(89%)、As(49%)、Pb(47%)、Zn(46%)、Cu(45%)元素的贡献较高;源 3 对金属 Ni(58%)、Cr(52%)元素的贡献较高。

对模型结果误差进行评估检验,适应性诊断(Fit Diagnostics)包括预测和测量物种浓度之间的回归统计、任何物种元素是否有显著的负性偏向、一个源组分中强/显著物种以及变异分布的详细信息。本书诊断输出结果如表 4-9 所示,各个灰尘样本点中各金属元素实测浓度值与 Unmix 模型模拟的预测值以及两浓度值间回归线性方程散点图见附图 A7~附图 A11。根据各物种元素的回归系数 r^2 值可知,模型对 Cr、Ni、Cd 和 Hg 有较好的模拟效果,与对数据进行预处理“建议排除”的结果相似,As(r^2<0. 30)的模拟效果不理想。

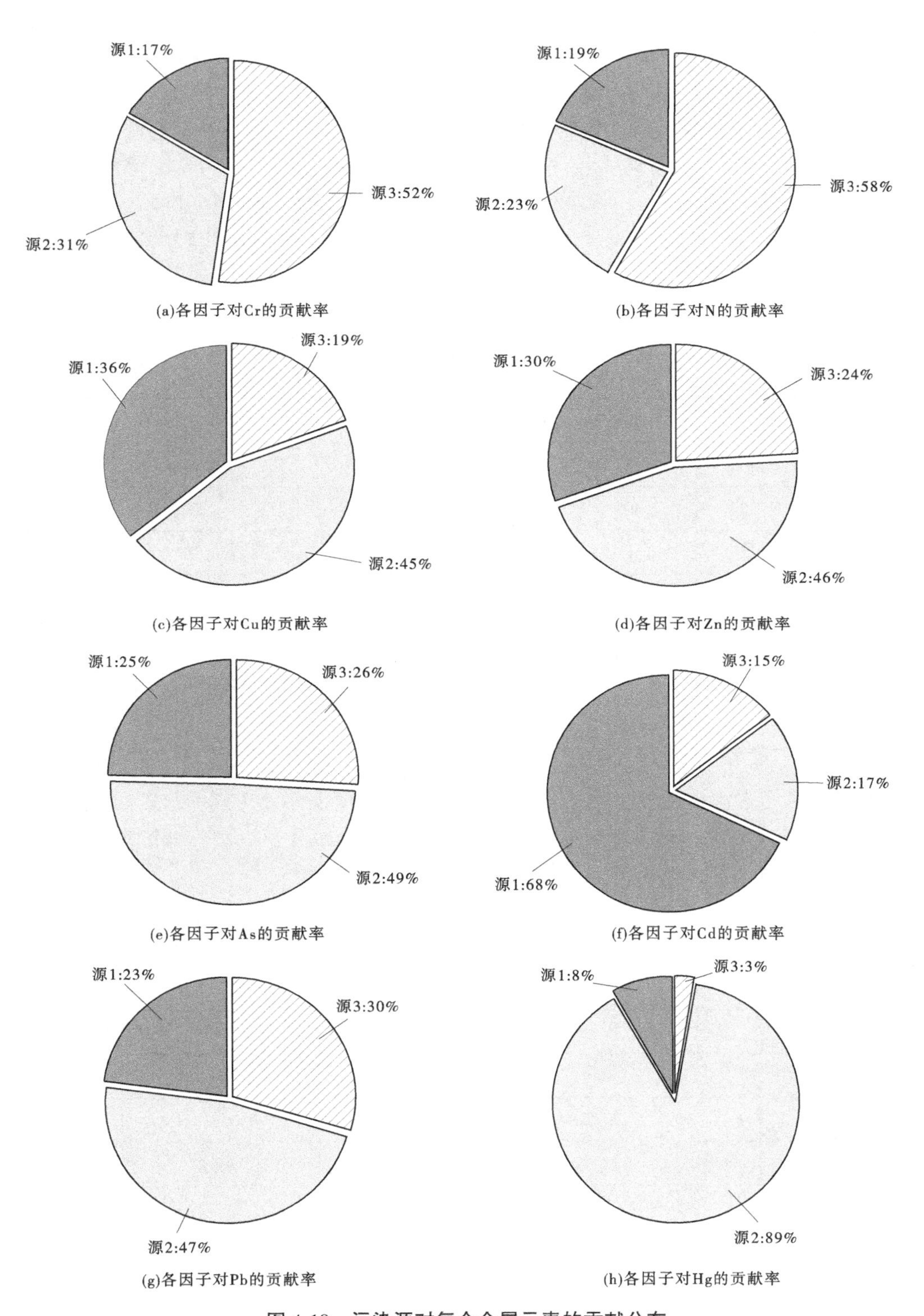

图 4-10　污染源对每个金属元素的贡献分布

评估源组分变异,对于本次运行,需要198次(>160次)运行才能生成100次运行并产生可行的结果(见图4-11),没有发现显著性负性偏向物种元素。强物种元素(Strong Species)对某个源的贡献大于或等于bootstrap估计变异性(sigma)标准差的1倍;显著性物种元素(Significant Species)对源的贡献大于或等于2倍西格玛。大多数源应同时具有强物种和显著性物种,显著性物种具有较大的信噪比。只有一个或两个来源既没有显著性物种也没有强物种元素。本次运行结果显示,对于源1而言,Cr、Ni和Pb为强物种元素,Cu、Zn、As和Cd为显著性物种元素;对于源2,没有强物种元素,8种重金属元素均为其显著性物种;源3将Cu、Zn、As和Pb元素归为强物种元素,Cr、Ni和Cd元素归为显著性元素。

表4-9 Unmix模型运行结果误差评估参数

元素	r-皮尔逊	平均差异	均方根误差	斜率	截距	r^2	异常值
Cr	0.970	1.907	9.470	1.084	−6.225	0.940	0
Ni	0.966	0.581	3.179	1.069	−1.586	0.934	0
Cu	0.787	0.409	12.698	1.048	−1.719	0.620	1.000
Zn	0.723	−0.510	65.079	0.985	2.526	0.522	2.000
As	0.341	−1.815	2.172	0.170	9.777	0.116	0
Cd	0.981	0.019	0.124	1.033	−0.039	0.962	0
Pb	0.576	−3.792	20.375	0.638	20.820	0.331	1.000
Hg	0.979	0.018	0.046	1.132	−0.051	0.959	1.000

对于物种元素源谱的分析报告如表4-10所示。0值表示IQR中不包含基本运行源谱值;1表示基本运行源谱位于IQR内,但不在中间;2表示基本运行源谱位于IQR内,且在中间位置;+表示bootstrap运行源谱的2.5个百分位值>0。

表4-10 基于百分比数的物种源谱分析报告

元素	源1	源2	源3
Cr	0	1+	1+
Ni	0	1+	1+
Cu	1+	1+	1+
Zn	2+	1+	1+
As	1+	1+	1+
Cd	2+	1	1+
Pb	1+	1+	1+
Hg	1	1+	1

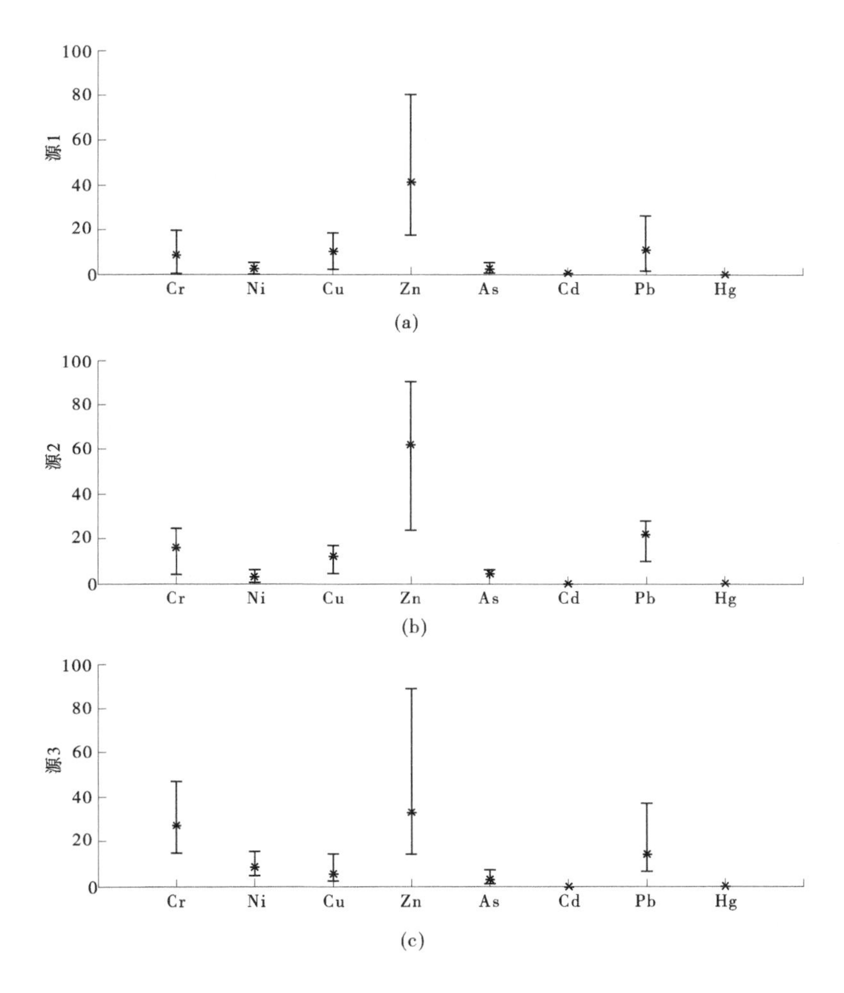

图 4-11　本书 Unmix 模型运行源组分变异性误差

在源变异百分位上对物种的解释应该侧重于受异常值较小(2+)的物种;未受到异常值强烈影响的物种为 1+,应给予解释;受异常值影响较大的物种为 0,通过对源的贡献较小,应谨慎解释。每个源应该有多个 1+物种。

除了评估适合的诊断图,还应该评估标准残差。从残差(预测浓度和检测浓度值间的差异)中得到的标准化残差是通过首先对残差进行居中,然后将结果除以残差的标准偏差来计算。标准化残差分布类似于正态分布,大多数残差在−3 和+3 之间,根据本次运行结果(见图 4-12)可知,评估标准残差满足要求。

源组分中的可变性或不确定性可用以估计可行解。运行结果将为每个源显示三种类型的可变性分布诊断(见表 4-11)。一是西格玛(Sigma)和组分除以 2 倍西格玛,组分除以 2 倍西格玛代表信噪比,对于对源有显著贡献的物质元素,该比值大于 1。二是 bootstrap 运行值范围上的一组百分比值, 2. 5 到 97. 5 的百分比范围是对 Unmix 非负性约

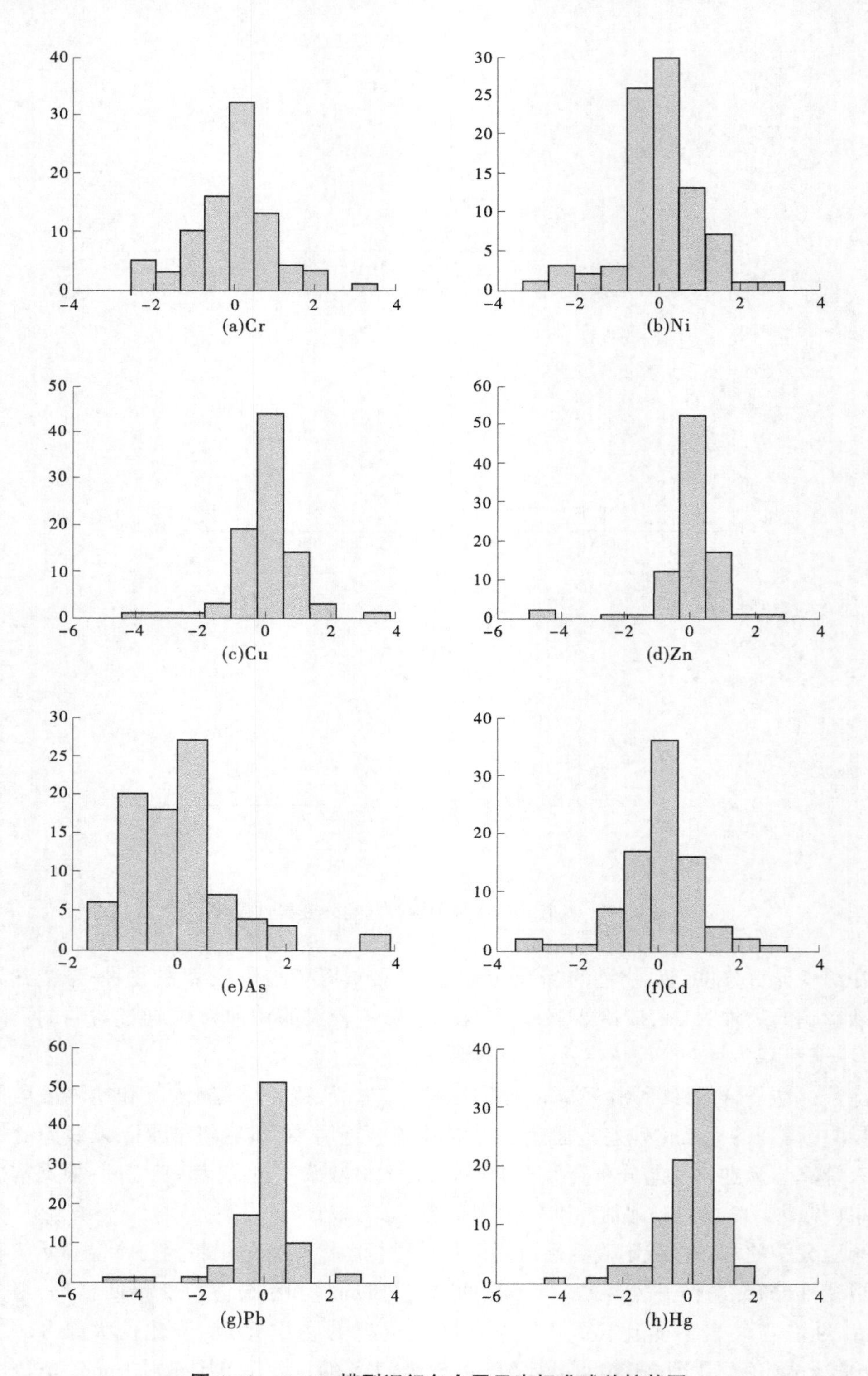

图 4-12 Unmix 模型运行各金属元素标准残差柱状图

束的95%置信区间的估计。三是采用一种新方法来提供90%和95%的置信区间。此方法以基本运行值的百分比提供bootstrap运行值范围,并以基本运行值为中心,称为离散差分百分位(Discrete Difference Percentile, DDP)方法。西格玛方法提供了关于平均值的变化,而百分位数方法提供了关于bootstrap源谱中值传播的洞察力。而DDP方法可以用来比较bootstrp源谱的平均值或中值与调查下所选择的源谱。对于本研究来说,属于小型数据集(<250个观测值),因此选择90%的置信度。本次运行结果如附表A4所示,源谱可变性估计图置信区间以图形方式表达为图4-13。图4-13中显示了2.5~97.5百分位范围,每个源的源谱组分用星号(*)表示。如果2.5百分位值为负值,则在图4-13中显示为10^{-4}。

表4-11　Unmix模型运行源组分变异性

元素	源1	源2	源3
Cr	4.846	5.173	8.670
Ni	1.432	1.386	2.874
Cu	4.173	3.425	2.917
Zn	15.444	17.902	16.590
As	1.092	1.020	1.525
Cd	0.094	0.045	0.044
Pb	5.414	5.194	7.488
Hg	0.025	0.045	0.024

在解释源谱(Source Profiles)前还应对源谱变异图进行评估,源谱变异是有利于防止模型识别不正确或某些情况下不存在源的无价工具。模型对每个源都生成了两个子图(见图4-14、图4-15):本运行中分配给该源的物种元素百分比及分配到该源的物种比例。图4-14显示了分配到当前污染源的物种百分比变异性。如果选择的基本源谱包含M个物种元素和N个源类别,那么bootstrap矩阵的尺寸将为$M \times N \times 100$,其中100等于图4-14中所使用的可行Bootstrap运行的次数。图4-14上每个箱型图对每个物种元素和来源使用了100个数据点。每个子图有M个箱型图、一个物种、N组子图和一个来源。加号代表了数据集中的异常值。图4-14强调了对来源有贡献的物种元素。换句话说,在图4-14中较高值的物种高度影响这个来源组分中的这一来源。在本书中对研究区道路灰尘重金属元素Unmix源解析的源谱变异性图显示,相较于其他金属元素来说,Cd对源1的影响较高,Hg对源2的影响较高,Cr和Ni是源3的最大贡献,这与该模型先前得到的污染源

对每个金属元素的贡献分布图结果是一致的。

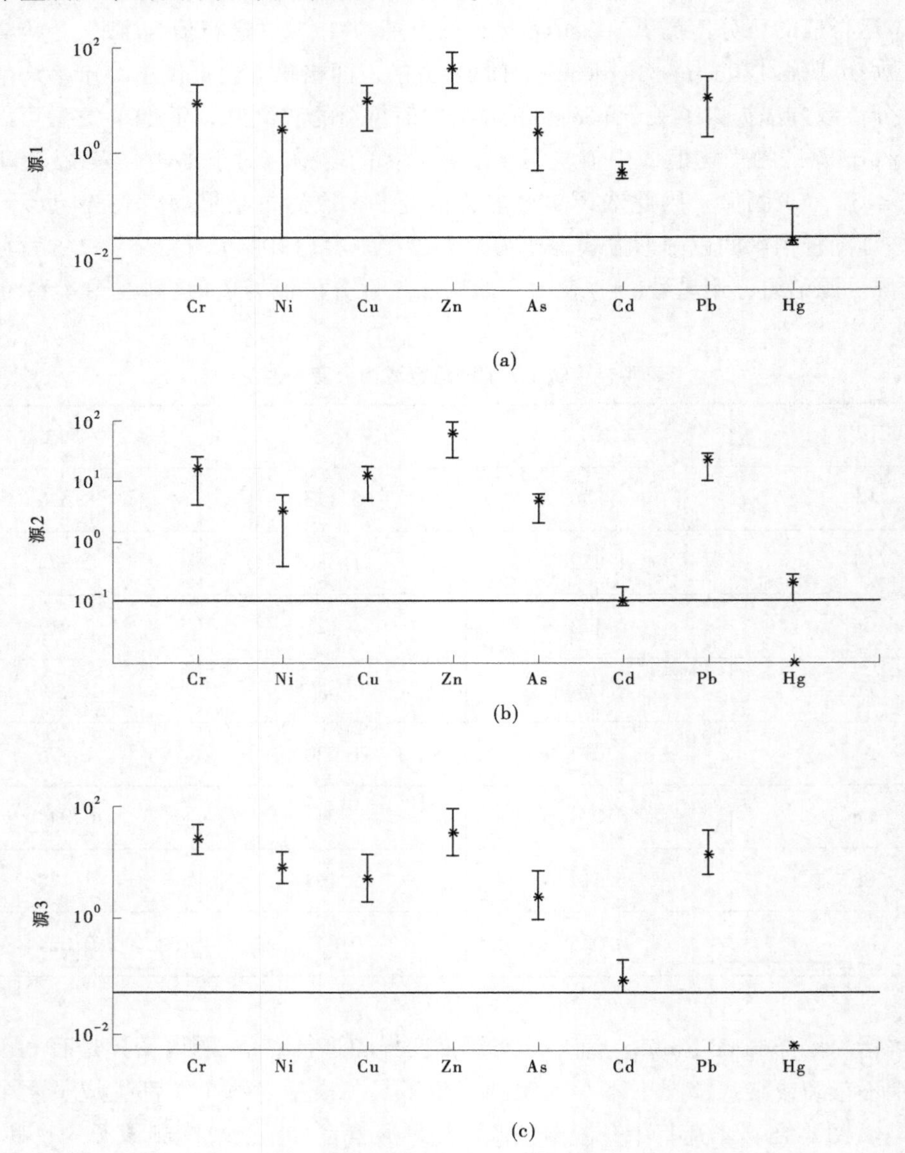

图 4-13 Unmix 模型运行源组分评估 log 置信区间

图 4-15 使用较小差异的度量表示了相同的 bootstrap 矩阵，与图 4-14 相似，对于每个物种元素和来源，图 4-15 中的每个箱型图使用了 100 个数据点。框图绘制使用规范化值，y 值使用限制在 0 到 1 之间。因此，坐标轴以对数尺度表示以突出数值和范围较小的物种元素。标准化的源谱用 * 标记，标准化源谱不在四分位 IQR 范围内的物种元素显示在图框中。

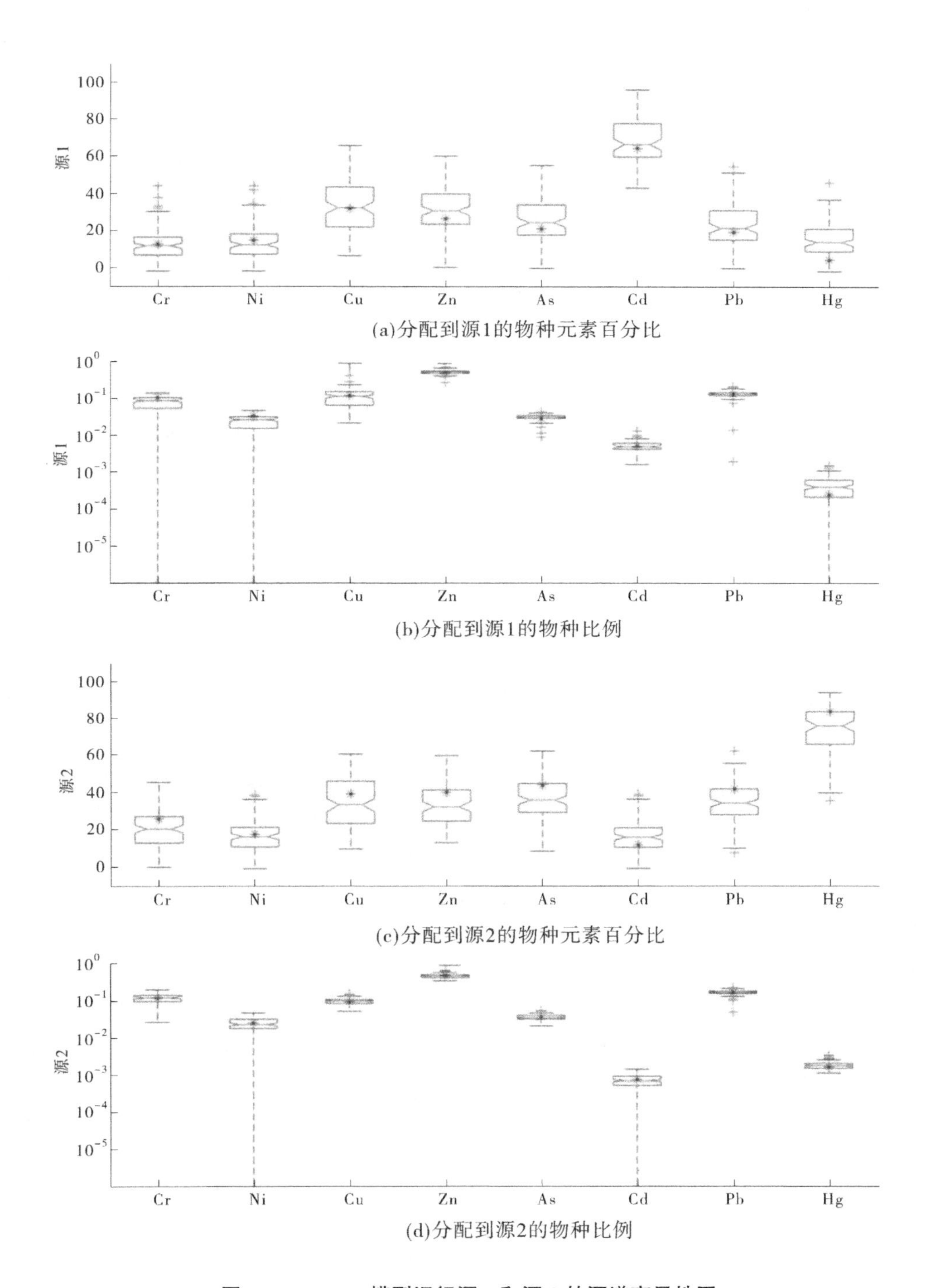

图 4-14　Unmix 模型运行源 1 和源 2 的源谱变异性图

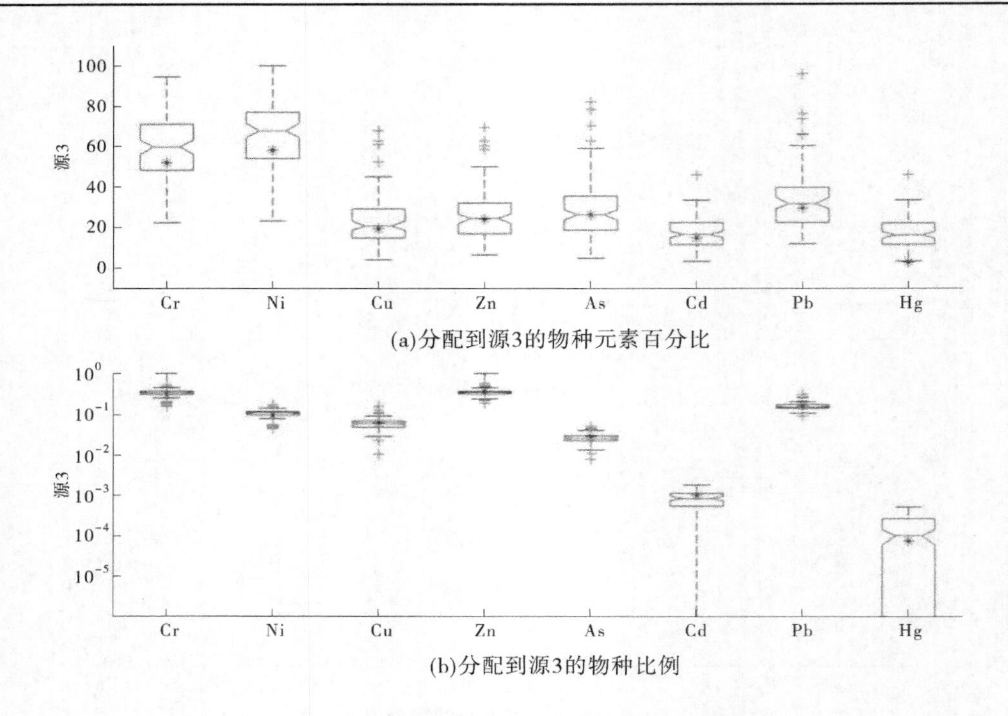

图 4-15　Unmix 模型运行源 3 的源谱变异性图

图 4-15 显示了物种分配的变化,图 4-15 主要用于确认从图 4-14 中得到的推论,图 4-14 中 Cd 对源 1、Hg 对源 2 具有较高影响,且在图 4-15 中的变异不是很大,这也在一定程度上证实了该结论。此外,对于源 1,图 4-15 表明,应该谨慎解释源 1 中的 Cr 和 Ni,因为与图 4-14 相比,图 4-15 中的可变性明显更高,并且存在许多异常值。这两个物种的基本运行 * 不在 IQR 内,显示在图框中。

对于小型或中型数据集(小于 600 次观测),应该评估变异性估计数的分布,这种评估重复差异性估计的方差方法对于小数据集(<250 次观测)受源影响较小的数据集尤为重要。用于评估模型生成了相应的表(见附表 A5),显示源、变异性、变异性估计的独立运行结果和物种不确定性的变异系数 *CV*。表中统计了对每个物种元素和来源的差异性评估与谱值比率。在一个源中,每个物种的 *CV* 小于 25%被认为是比较好的。根据附表 A5 中模型运行结果可知,各源中各物种元素金属的 *CV* 值均表现较好。图 4-16 中显示了从 5 次变异性估计运行中得到的 Sigma 的延伸。将个体变异性值标准化为中位数变异,以使得变异性运行的 sigma 值的转换值的中位数始终为 1。图 4-16 中显示了标准化值的分布,实线从标准化最小值到标准化最大值,* 表示标准化的中值,且总在 1 值处。与呈现大范围延伸的物种元素相关的数据应该被彻底的分析。结果中显示 Cu 元素在源 1 和源 3 中的参数值范围较大,Zn 元素在源 1 和源 3 中的参数值范围较大,而 Pb 元素在源 1 和源 2 中范围较大,As 元素在源 2 中范围较大。

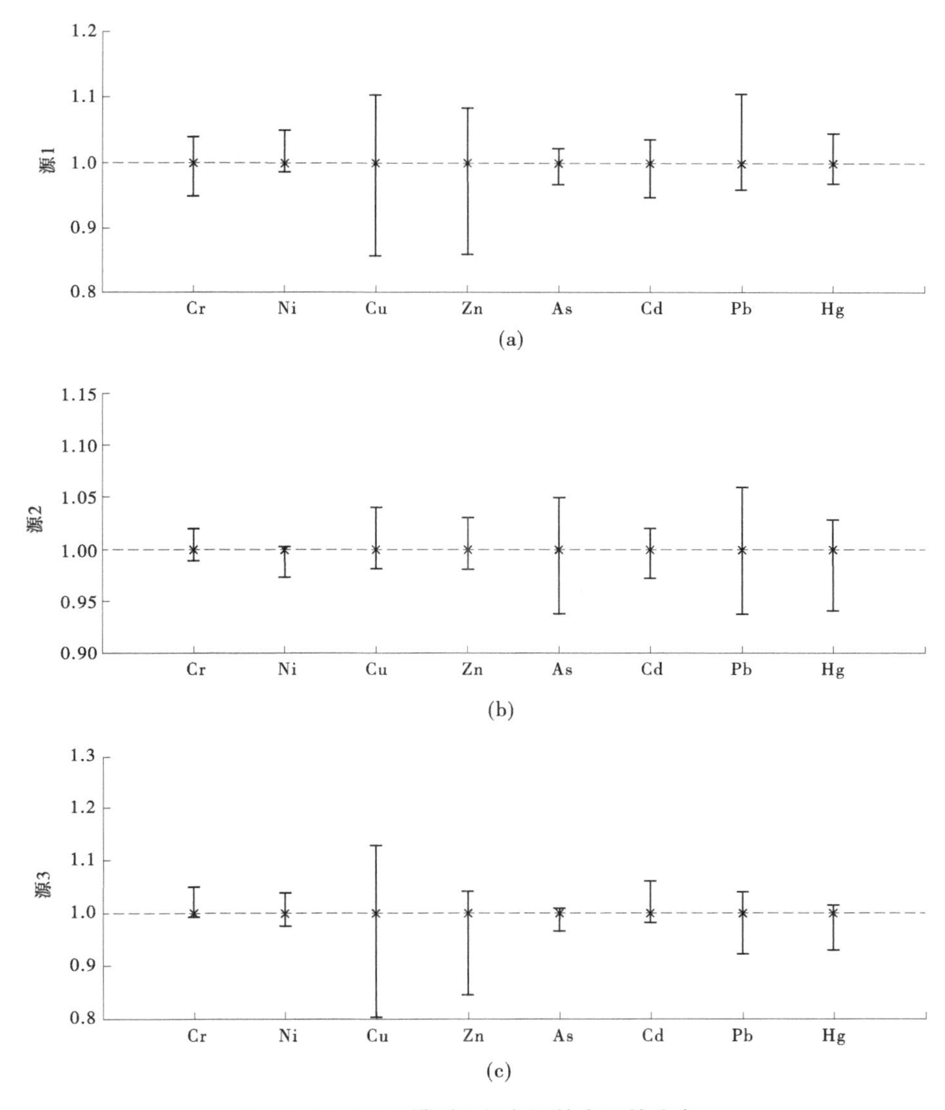

图 4-16　Unmix 模型运行各源的变异性分布

4.1.5　各污染源识别方法结果相互对比印证

皮尔逊相关系数表明，Cr、Ni、Pb、Cu、Zn 和 Cd 金属间在 0.01 水平下呈现极显著相关。主成分分析结果显示，同样上述 6 种金属元素在主成分 1 中荷载较高，主成分 1 为与人类活动产生的汽车尾气和与城市交通设施相关因素。这 6 种金属元素在正定矩阵因子分解模型运行结果中被分为两种因子：因子 3（Zn 和 Cd 浓度贡献较高）和因子 4（Cu、Cr、Ni 和 Cd 贡献较高）。两种源解析方法都将 As 和 Hg 元素分别用单独的一种来源进行解释。以上结论说明，PMF 与主成分分析结果一致，PMF 模型相比较 PCA 方法而言，更能对聚类在某一源上金属元素较多的情况进行分解，使得源解析更加精准化，更有利于后期针对某一金属元素进行污染治理控制。相对于前三种源解析结果而言,Unmix 模型对郑州市道路灰尘中各重金属来源有了新的解释:源 1 对金属 Cd(68%)、Cu(36%)和 Zn(30%)元素的贡献较高;源 2 对金属 Hg(89%)、As(49%)、Pb(47%)、Zn(46%)、Cu(45%)元素的贡献较高;源 3 对金属 Ni(58%)、Cr(52%)元素的贡献较高。对模型模拟及相关变异进行评估结果表明,这几种源分析方法都能很好地应用于城市灰尘中间户数污染源的识别中。

4.2 城市道路重金属空间相关关系

4.2.1 基于多元统计分析的空间自相关分析

Waldo Tobler 教授在 1970 年发表了“地理学第一定律”(Tobler's First Law):Everything is related to everything else, but near things are more related to each other。根据定律可知,空间中每个事物都是有联系的,离得近的事物之间的联系紧密程度要高于远距离事物间的联系程度。定律强调空间联系与空间依赖,简称空间自相关。

空间自相关(Spatial Autocorrelation)是一种可用于变量空间结构研究的方法,可同时处理要素位置信息和属性值信息,可用于变量空间分布的自相关强度检验,也可用于检测研究区域内变量的分布是否具有结构性。

4.2.1.1 全局莫兰指数

在 ArcGIS 系统空间统计工具箱分析模式中,空间自相关工具显示为 Spatial Autocorrelation (Moran I),可见在地理信息系统软件中,默认常用统计量莫兰指数进行空间自相关分析,该统计量一般可分为全局莫兰指数和区域莫兰指数。全局莫兰指数的计算公式如下:

$$I = \frac{n}{S_0} \frac{\sum_{i=1}^{m} \sum_{j=1}^{n} \omega_{i,j} z_i z_j}{\sum_{i=1}^{n} z_i^2} \tag{4-9}$$

式中:z_i 是要素 i 的属性与其平均值($x_i - \overline{X}$)的偏差;$\omega_{i,j}$ 是要素 i 和 j 之间的空间权重;n 等于要素总数,S_0 是所有空间权重的聚合:

$$S_0 = \sum_{i=1}^{m} \sum_{j=1}^{n} \omega_{i,j} \tag{4-10}$$

使用 Moran I 统计量进行空间自相关分析时,空间位置信息取决于空间权重矩阵,可基于邻接空间权重或距离空间权重进行构建。由于研究对象为各离散采样点,因此在设置空间权重时,选择基于距离空间权重。选择空间关系的概念化时,根据输入要素特征及各概念化方式与实际问题城市大气环境中重金属元素转移机制的符合程度,本书选择 INVERSE_DISTANCE 与远处的要素相比,附近的邻近要素对目标要素的计算的影响要大一些。指定欧几里得距离(EUCLIDEAN_DIATANCE),即两点间直线距离,为计算每个要素与邻近要素之间距离的方式。选择对空间权重执行标准化(ROW);每个权重都会除以所有相邻要素的权重和。默认距离阈值,确保每个要素至少具有一个邻域的欧氏距离。为判断空间相关的正负性与显著性特征,通常对 Moran I 进行标准化处理,得到指标 $Z(\mathrm{I})$,计算公式如下:

$$Z(I) = \frac{1 - E(I)}{\sqrt{\mathrm{Var}(I)}} \tag{4-11}$$

式中:$E(I) = -1/(n-1)$;$\mathrm{Var}(I) = E(I^2) - E(I)^2$。

对郑州市 87 个道路灰尘样本中 8 种重金属元素分别进行空间自相关分析,运行结果如表 4-12、图 4-17 所示。

表 4-12　郑州市道路灰尘样本中各重金属元素全局 Moran I 运行结果汇总

重金属元素	Cr	Ni	Cu	Zn	As	Cd	Pb	Hg
Moran I	0. 227 032	0. 035 394	0. 311 101	0. 152 065	0. 294 123	0. 107 952	0. 260 363	0. 244 662
方差	0. 004 601	0. 002 717	0. 085 29	0. 009 465	0. 011 177	0. 007 799	0. 010 496	0. 010 899
Z 得分	3. 518 597	0. 902 130	3. 494 457	1. 682 525	2. 892 010	1. 354 076	2. 654 890	2. 454 935
P 值	0. 000 434	0. 366 988	0. 000 475	0. 092 467	0. 003 828	0. 175 712	0. 007 933	0. 014 091

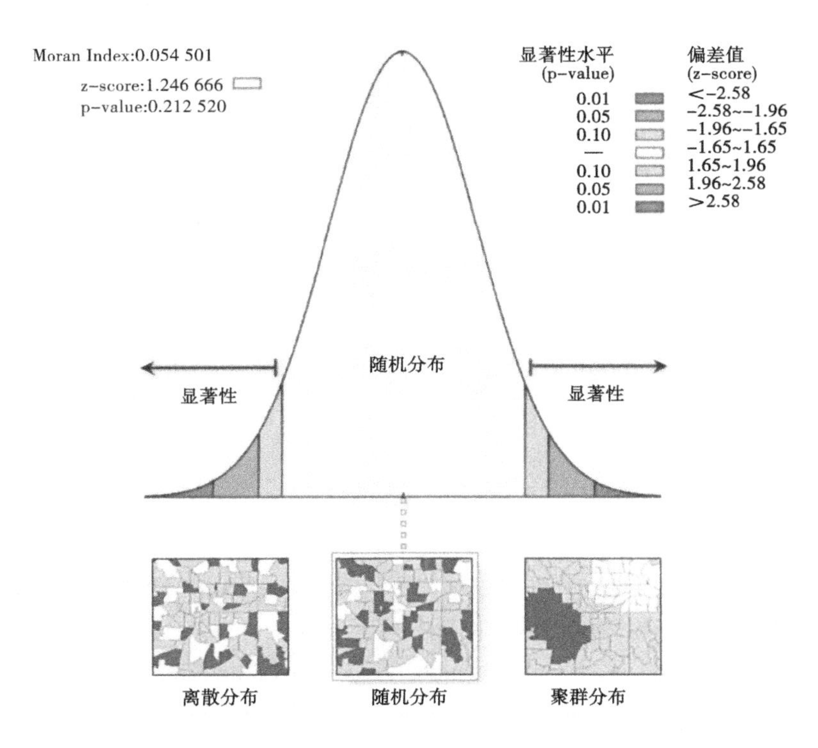

图 4-17　空间自相关报表

Moran I 的取值在-1 和 1 之间,Moran I >0 表示空间正相关性,空间的正相关是指随着空间分布位置(距离)的聚集,相关性也就越发显著,其值越大,空间相关性越明显;而 Moran I <0 表示空间负相关性,指随着空间分布位置的离散,反而相关性变得显著了,其值越小,空间差异越大,否则,Moran I = 0,空间呈随机性。由表 4-12 可知,研究区域内各金属元素都表现出一定空间正相关,但空间相关性大小是不同的。8 种重金属元素中莫兰指数值排序为:Cu>As>Pb>Hg>Cr>Zn>Cd>Ni。Cu、As、Pb 和 Hg 元素表现出较大的空间相关性,说明研究区域内该类金属污染空间扩散性较强或者污染源的影响范围较大,而造成其空间分布相对较为均一。

本书数据以正态分布为前提,进行 95%置信区间双侧检验,此时 $p<0.05$,对应的 z 得分值>1.96 或<-1.96。对于模式分析工具来说,p 值表示所观测到的空间模式是由某一随机过程创建而成的概率。当 $p<0.05$ 时,意味着有 95%的把握拒绝零假设,判定所观测到的空间模式不可能产生于随机过程。根据空间自相关汇总结果可知,Cr、Cu、As 金属元素 z 得分值>2.58,$p<0.01$,有 99%的把握判定这 3 种金属元素的空间模式不是随机过程,显示出聚类模式。Hg 元素 z 得分值>1.96,$p<0.05$,表示该元素在郑州市研究区域内呈现离散模式。Zn 金属元素 z 得分为 1.68,大于 1.65,$p<0.1$,拒绝该元素模式为随机过程这一零假设的置信度为 90%,属于离散模式。而重金属元素 Ni 和 Cd 的 z 得分小于 1.65,$p>0.1$,这两种元素在研究区域内的空间模式产生于随机过程。

4.2.1.2　局部莫兰指数

区域莫兰指数可将研究区范围内道路灰尘中重金属含量的空间格局进行可视化展现,揭示道路灰尘中重金属浓度值空间分布规律。该指数的计算公式定义如下:

$$I_i = \frac{n(x_i - \bar{x}) \sum_{j=1}^{n} \omega_{i,j}(x_j - \bar{x})}{\sum_{i=1}^{m} (x_i - \bar{x})^2} \tag{4-12}$$

式中各参数意义与公式(4-9)相同。在用 Geoda 软件进行单变量局部 Moran's Zi 分析之前,需要创建一个空间权重,同样选择基于距离空间权重,距离度量仍为欧氏距离,距离带方法的默认指定带宽与 ArcGIS 运行中得到的默认距离阈值相同,勾选使用反距离进行创建。在 Geoda 的分析结果中,给出了 Moran 散点图(见附图 A7)、显著性地图和聚类地图,该分析计算得到的莫兰指数结果与 ArcGIS 中的结果相同。对局部空间自相关分析中,单击目标采样点,该样本点信息可在表格中被黄色标记,以便用户可以更好地对每个对象进行全面分析。

图 4-18 和图 4-19 分别给出了各金属元素局部空间自相关分析得到的 LISA 显著性地图和聚类地图,结果将道路灰尘中重金属含量的空间分布分为“不显著”“高-高”“低-低”“低-高”“高-低”这 5 种类型,并显示各研究点的显著性水平。“不显著”表明该样本点与其邻居样本点中重金属浓度值的空间差异性不显著;“高-高”和“低-低”,为高高相邻或低低相邻,处于空间聚集(Spatial Clusters)状态,表示该样本点与其邻居样本点中重金属浓度值都较高或较低,两者间的空间差异程度显著较小;“低-高”和“高-低”为高低相邻,处于空间孤立(Spatial Outliers)状态,表示该样本点中重金属浓度较高(或较低),而其邻居样本点中重金属浓度值较低(或较高),两者间的空间差异程度显著较大。

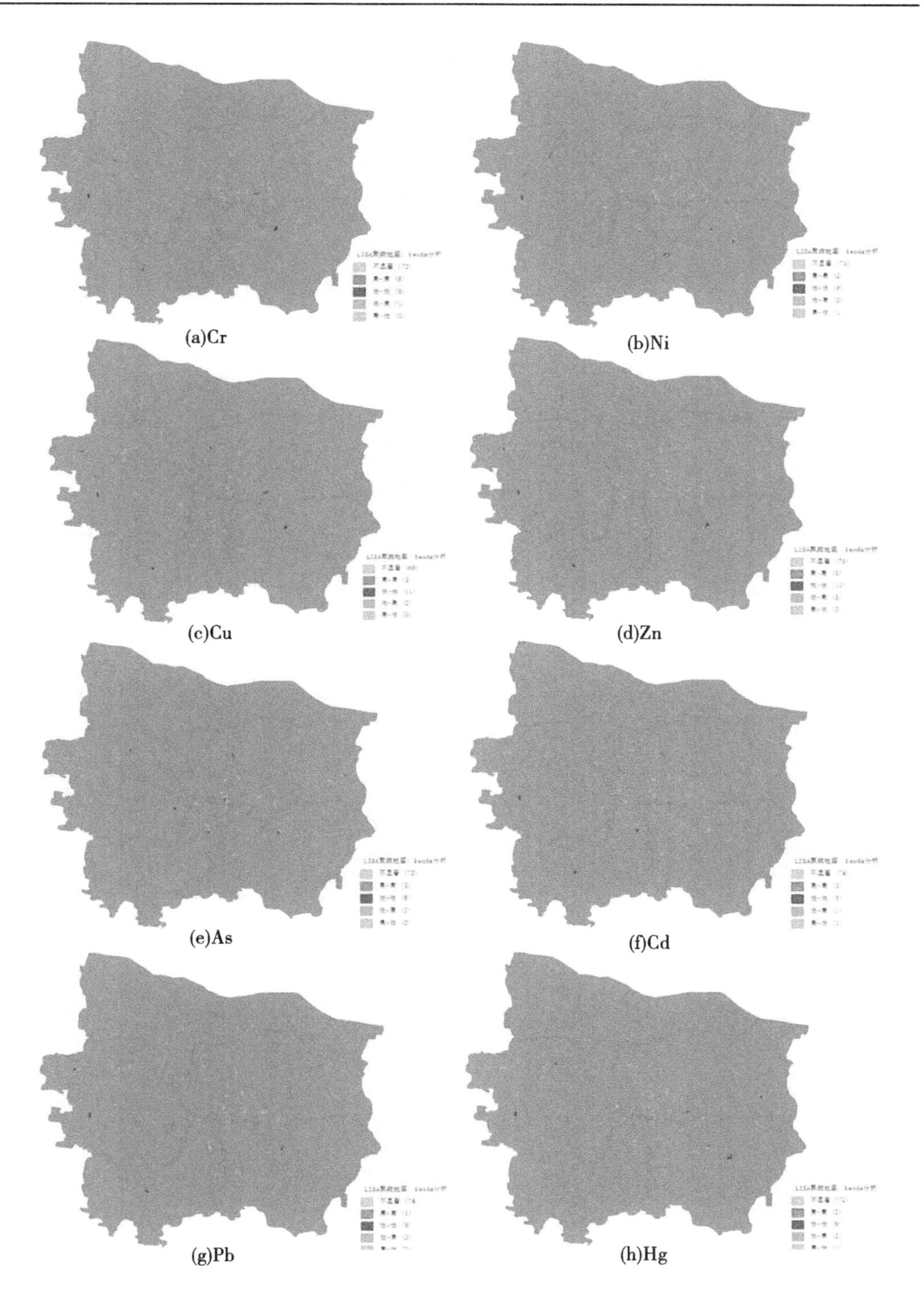

图 4-18　郑州市 87 个道路灰尘样本中各重金属 LISA 聚类地图

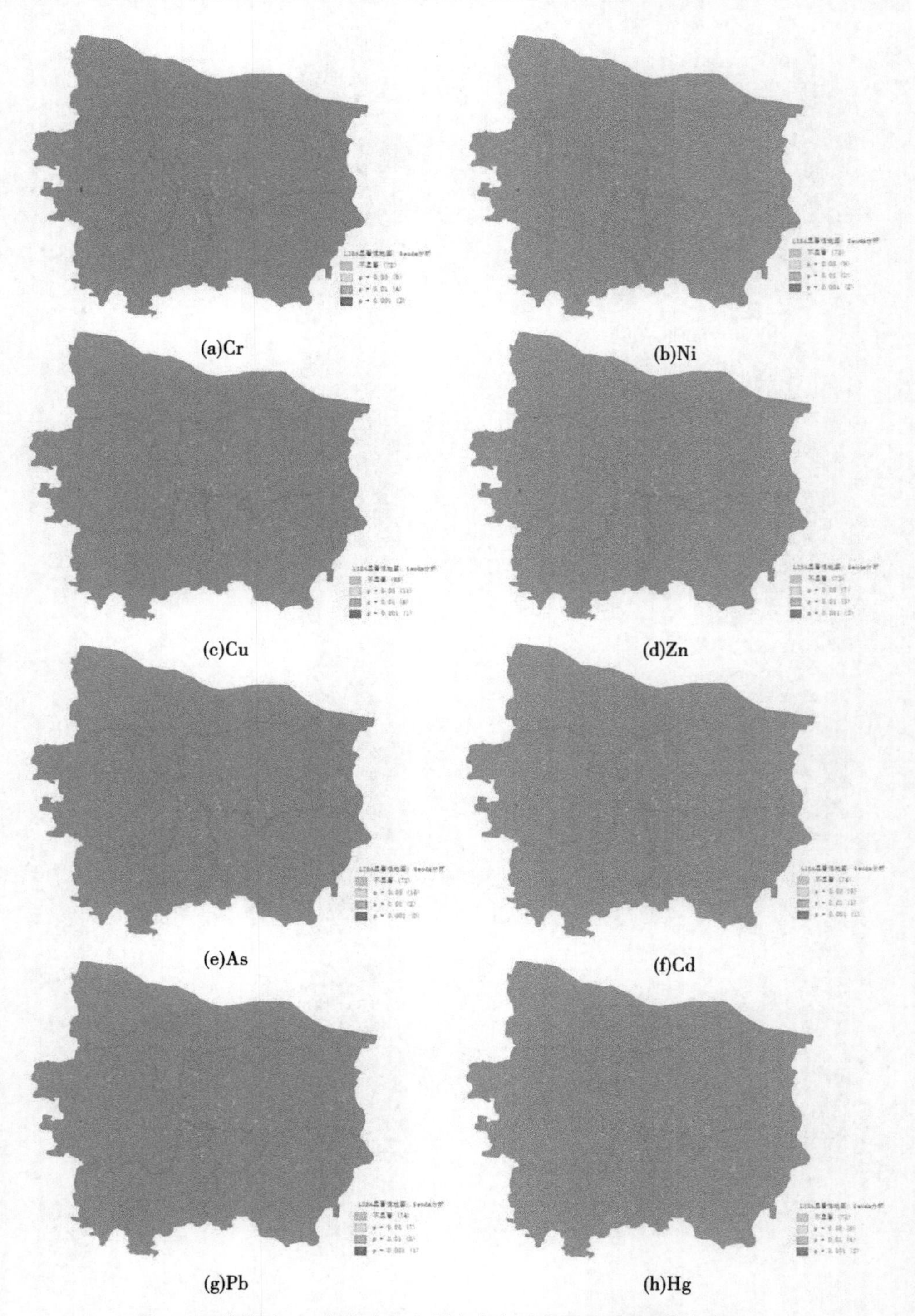

图 4-19　郑州市 87 个道路灰尘样本中各重金属 LISA 显著性地图

对 Cr 元素进行局部 Moran's I_i 空间分析，结果表明 CA4 三个次样本点在 0.05 显著水平下呈现出高–高空间聚集，IA1 三个次样本点也在不同显著水平下呈现"高–高"空间分布；PA6 两个次样本点均在 0.05 显著水平下呈现低–低空间聚集，此外 IA1 和 PA7 次样本点也在不同显著水平下表现出空间聚集性；样本点 CA2(2) 在 0.05 显著水平下处于空间孤立状态。Ni 元素空间分布结果表明样本点 EA1 两个次样本点在 0.05 显著水平下为高高相邻，样本点 IA2 两个次样本点在 0.001 显著水平下为低低相邻。对 Cu 金属元素的局部自相关空间分析发现，样本点 CA4 三个次样本均在 0.05 显著水平下呈现高高聚集，样本点 IA2、PA6 和 PA7 三个次样本点在不同显著水平下呈现低低聚集。Zn 局部空间分析结果表明，各研究点空间聚集状态仅存在"低–低"这一类型，发生在 IA2、PA6 和 PA7 各样本点中。As 元素在郑州市各采样点间的空间分布具有显著水平的类型绝大多数处于 0.01 水平的显著，在样本点 PA2(1)、PA5(2) 及 EA4 采样点为高高相邻的空间聚集，在样本点 RA3(1)、PA4(2) 为低高相邻的空间孤立，CA1(2)、PA7(1) 处于高低相邻的空间孤立状态。样本点 CA1(3)、EA4(2) 和 EA4(3) 与其邻居灰尘样本点中 Cd 金属浓度值都较高，空间差异程度在 0.05 显著水平下较小；IA2(p=0.01 或 0.001) 和 PA6(p=0.05) 采样点及 CA6(p=0.05) 的两个次样本点处于不同显著水平下的低低空间聚集状态。对郑州市道路灰尘中金属 Pb 浓度值进行空间相关分析可得，CA2(3) 样本点与其邻居灰尘样本中浓度值含量都较高；CA2(2)、IA4(1)、IA4(3) 样本点中浓度值含量较低，而其邻居样本中浓度值含量都较高，空间差异性在 0.02 显著水平下较高；PA4(3)、PA7(1)、PA7(3) 还有 IA2 与 PA6 各次样本点与其邻居样本中 Pb 浓度含量值都较低。Hg 金属浓度值空间分析显著性地图和聚类地图显示，样本点 CA4(1) 和 CA4(2) 均处于 0.05 显著水平下的高高空间聚集状态；在 IA2 和 IA4 采样点处于低低空间聚集状态；RA2(2)(p=0.01) 和 CA4(3)(p=0.001) 样本点浓度值较低，其邻居研究点浓度值较高，具有不同程度的显著性空间差异，IA1(2)(p=0.05) 点处于高低相邻的空间孤立状态。

4.2.2　基于重金属总态含量的半方差变异分析

地统计(Geostatistics)是在法国著名统计学家 G. Matheron 大量理论研究的基础上逐渐形成的，是一门以区域化变量为基础，借助变异函数，研究既具有随机性又具有结构性，或空间相关性和依赖性的自然现象的新的统计学分支。它在大量采样的基础上，通过对样本属性值的频率分布或均值、方差关系及其相应规则的分析，确定其空间分布格局与相关关系。与经典统计学不同的是，地统计学既考虑到样本值的大小，又重视样本空间位置及样本间的距离，弥补了经典统计学忽略空间方位的缺陷。

地统计分析理论基础包括前提假设、区域化变量、变异分析和空间估值。前提假设包括：①随机过程：研究区域中的所有样本值都是随机过程的结果，即所有样本值都不是相互独立的，它们是遵循一定的内在规律的；②正态分布：对获得的数据首先进行正态分布检验，若不符合正态分布假设，则应该对数据进行转换；③平稳性：均值平均(假设均值是不变的并且与位置无关)和与协方差函数有关的二阶平稳及与半变异函数有关的内蕴平稳。

当一个变量呈现一定的空间分布时，称为区域化变量，它反映的是区域内的某种特征或现象。区域化变量可以根据区域内位置的不同而取不同的值,而当其在区域内确定位置取值时,表现为一般的随机变量,也就是与位置有关的随机变量。实际分析中,常采用抽样的方式获取区域内变量在某个区域内的值,此时区域化变量表现为空间点函数:

$$Z(x)=Z(x_u,x_v,x_w) \tag{4-13}$$

区域化变量作为一个随机变量,它具有局部的、随机的、异常的特征;此外,它还具有一定的结构特点,即变量在点 x 与偏离空间距离为 h 的点 $x+h$ 处的值 $Z(x)$ 和 $Z(x+h)$ 具有某种程度的相似性,即自相关性,这种自相关性的程度依赖于两点间的距离 h 及变量特征。除此之外,区域化变量还具有空间局限性(即这种结构性表现为一定范围内)、不同程度的连续性和不同程度的各向异性(即各个方向表现出的自相关性有所区别)等特征。

变异分析包括协方差函数和半变异函数,半变异函数又称半变差函数、半变异矩,是地统计分析的特有函数。半变异函数是空间自相关指标之一,与 Moran I 不同的是,它可以能量化不同方向的空间自相关,能够表达出在什么距离存在空间自相关。区域化变量 $Z(x)$ 在点 x 和 $x+h$ 处的值 $Z(x)$ 与 $Z(x+h)$ 差的方差的一半成为区域化变量 $Z(x)$ 的半变异函数,记为 $r(h)$,$2r(h)$ 称为变异函数,定义式如下:

$$r(x,h)=\frac{1}{2}\mathrm{Var}[Z(x)-Z(x+h)] \tag{4-14}$$

即

$$r(x,h)=\frac{1}{2}E[Z(x)-Z(x+h)]^2-\frac{1}{2}\{E[Z(x)]-E[Z(x+h)]\}^2 \tag{4-15}$$

区域化变量 $Z(x)$ 满足二阶平稳假设,对任意 h 有

$$E[Z(x+h)]=E[Z(x)] \tag{4-16}$$

因此,半变异函数可表示为

$$r(x,h)=\frac{1}{2}E[Z(x)-Z(x+h)]^2 \tag{4-17}$$

由式(4-17)可知,半变异函数依赖于自变量 x 和 h,当半变异函数 $r(x,h)$ 仅仅依赖于距离 h 而与位置 x 无关时,$r(x,h)$ 可改写为变异函数 $r(x)$,即

$$r(h)=\frac{1}{2}E[Z(x)-Z(x+h)]^2 \tag{4-18}$$

具体表示为

$$r(h)=\frac{1}{2N(h)}\sum_{i=1}^{N(h)}[Z(x_i)-Z(x_i+h)]^2 \tag{4-19}$$

半变异函数把统计相关系数的大小作为一个距离的函数,是地理学相近相似定理定量量化。图 4-20 为一经典的半变异函数图。

半变异函数曲线图反映了一个采样点与其相邻采样点的空间关系,它对异常采样点具有很好的探测作用。图 4-20 中有两个非常重要的点:间隔为 0 时的点和半变异函数趋近平稳时的拐点,由这两个点产生 4 个相应的参数:块金值(Nugget)、变程(Range)、基台值(Sill)、偏基台值(Partial Sill),各参数含义如下:

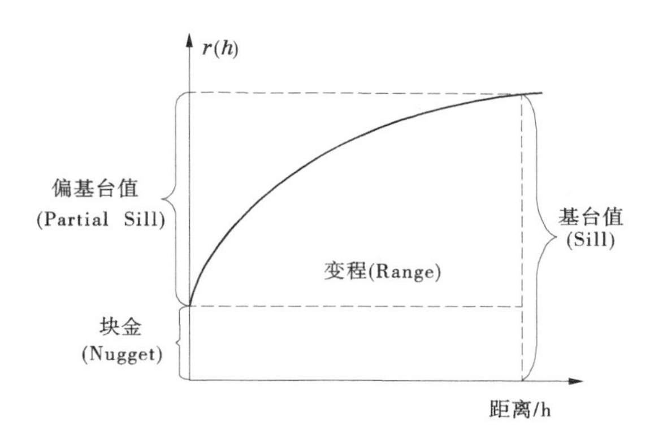

图4-20　半变异函数模型示意图

(1)块金值(Nugget) C_0 又称为块金效应,是在距离很小时,两点间属性变量值的变化。反映的是随机因素,如社会因素、经济因素等引起的空间变异。从理论上讲,在零间距(步长=0)处,半变异函数的值是0。但是,在极小的间距处,半变异函数通常显示块金效应,即值大于0。例如,如果半变异函数模型在 y 轴上的截距为2,则块金为2。块金效应可以归因于测量误差或小于采样间隔距离处的空间变化源(或两者)。由于测量设备中存在固有误差,因此会出现测量误差。自然现象可随着比例范围变化而产生空间变化。小于样本距离的微刻度变化将表现为块金效应的一部分。块金效应就是测量误差和微尺度变化的和。

(2)变程(Range)即最大相关距离,模型首次呈现水平状态的距离称为变程。比该变程近的距离分隔的样本位置与空间自相关,而距离远于该变程的样本位置不与空间自相关。变程指变异函数到达基台值所对应的距离,表示元素空间自相关范围,变程的变化反映土壤要素主要变异过程的变化。变程越大,说明样本灰尘中该元素的均一性越强;变程越小,则意味着道路灰尘中该元素的均一性越弱,在小范围内的变异加强,整体分布也更复杂。

(3)基台值(Sill) C_1+C_0,又称总基台值,半变异函数模型在变程处所获得的值(y 轴上的值)称为基台。反映某区域化属性变量在空间内的变异强度。反映的是如成土母质、地形等自然因素与施肥、种植制度等社会经济因素共同引起的空间变异。偏基台值(Partial Sill) C_1 为基台值与块金值的差值。

(4)块基比(Nugget/Sill)指的是块金值 C_0 与基台值 C_1+C_0 的比值,又称为块金效应,用以反映区域内样本点的空间变异及影响因素中结构性(自然因素)与随机性因素(人为因素)谁占主导作用。当比值小于25%时,表明变量的空间变异以结构性变异为主,具有强烈的空间相关性,主要受自然因素控制,受人为因素影响较小;当比值大于75%,表明变量以随机性变异为主,变量的空间相关性很弱,变量受人为因素影响较大;当比值在两者之间时,变量具有中等程度的空间相关性。

异常值和数据分布形态会对半变异函数的可信度造成影响,异常值会造成数据偏度增大,因此本书在进行半方差分析过程前根据前面分析情况,删除6个异常值样本:IA1(3)、CA1(2)、RA2(1)、CA4(1)、CA4(2)、IA3(2)、IA4(2),对郑州市81个道路灰尘样本中8种重金属元素利用GS+10.0软件包分别进行半变异分析。首先对浓度值数据进行正态分布假设检验,结果表明各金属含量服从对数正态分布。接下来进行自相关分析(Autocorrelation),选择变差函数(Variogram),各金属元素的计算结果如表4-13所示。地统计分析系统默认拟合最优的理论模型,也可根据自身需要切换不同的变异模型类型,本书结果选用默认值。

表4-13 道路灰尘重金属半变异函数拟合参数值

元素	模型类别	块金值 C_0	基台值 $C+C_0$	$C_0/(C+C_0)$	变程	RSS	R^2
Cr	指数模型	0.013 9	0.128 8	89.2%	0.015 0	5.416×10^{-3}	0.306
Ni	线性模型	0.036 6	0.110 4	66.9%	0.159 2	3.298×10^{-3}	0.669
Cu	高斯模型	0.149 1	0.299 2	50.2%	0.088 3	2.720×10^{-2}	0.551
Zn	高斯模型	0.115 0	0.405 0	71.6%	0.240 7	2.790×10^{-2}	0.730
As	高斯模型	0.005 7	0.038 4	85.2%	0.006 9	3.314×10^{-4}	0.313
Cd	高斯模型	0.168 3	0.337 6	50.1%	0.034 6	6.610×10^{-2}	0.234
Pb	高斯模型	0.083 9	0.168 8	50.3%	0.100 5	5.003×10^{-3}	0.678
Hg	高斯模型	1.089 0	2.179 0	50.0%	0.310 0	0.305 0	0.652

对郑州市道路灰尘重金属进行空间变异分析,结果显示,Cr的空间变异结构以指数模型拟合效果最佳,Ni的空间变异结构以线性模型拟合效果最佳(见图4-21),其他6种金属元素以高斯模型结构拟合最佳,残方差平方和都较小,其中Zn、Pb、Ni、Hg、Cu的半方差函数拟合较好,决定系数R^2都在0.5以上。8种重金属元素中,Hg、Zn、Ni和Pb的变程值较大,说明道路灰尘样本中这两种金属元素的均一性较强;较小的变程值表明As、Cr和Cd元素在小范围内的变异加强,整体分布较为复杂,这与根据莫兰指数值得到的结论相似。根据各金属元素的块基比值可知,As和Cr元素在研究区域内以随机性变异为主,空间相关性很弱;其他金属元素比值处于25%~75%,变量元素具有中等程度的空间相关性,同时受自然和人为因素的影响。

4.3 小　结

本章选用皮尔逊相关系数、主成分分析-多元线性回归、正定矩阵因子分解法及Unmix源识别解析方法分析金属元素间的相关关系,识别造成各金属元素污染的来源,并对不同模型方法结果进行对比分析,相互印证。此外,基于空间自相关理论,利用全局莫兰指数和局部莫兰指数分析了各金属元素在空间上的相关关系。地统计学中的半变异函数被用来分析各金属元素在空间上的变异性特征。

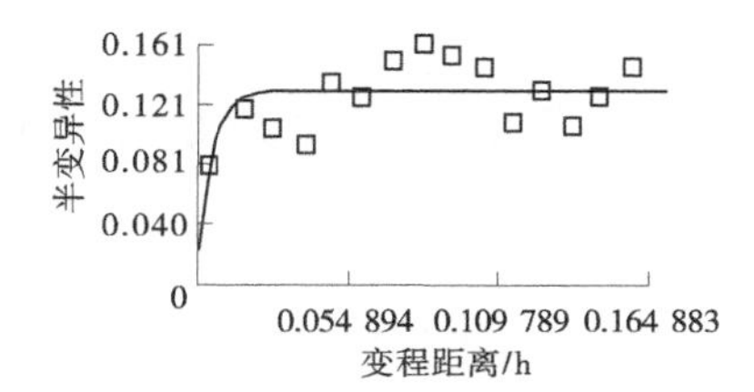

指数模型(C_0=0.013 9;　C_0+C=0.128 8;
A_0=0.005 000; r^2=0.306; RSS=5.416 × 10^{-3})
(a)Cr

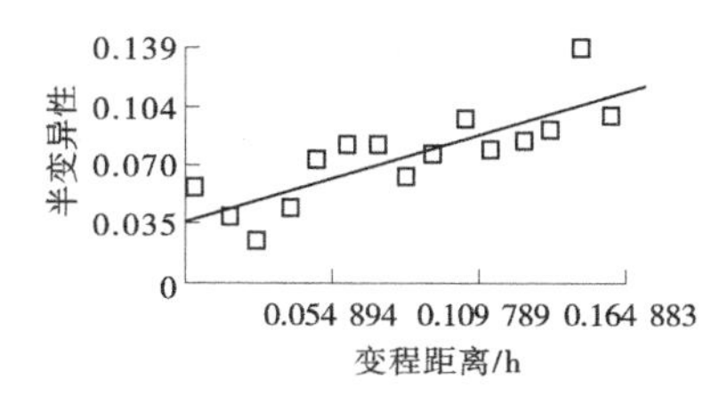

线型模型(C_0=0.036 6;C_0+C=0.110 4;
A_0=0.159 226; r^2=0.669; RSS=3.298 × 10^{-3})
(b)Ni

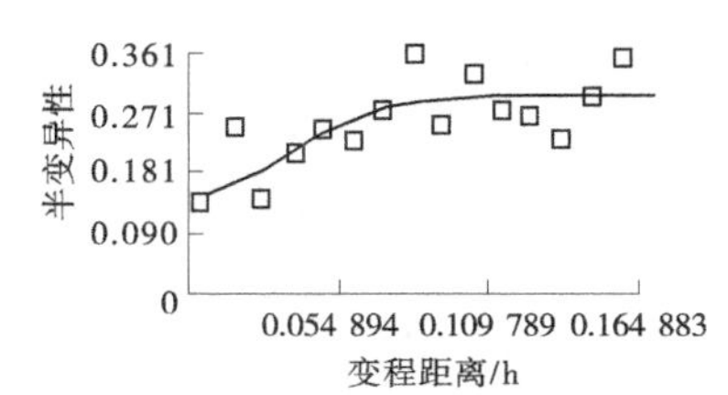

高斯模型(C_0=0.149 1; C_0+C=0.299 2;
A_0=0.051 000; r^2=0.551; RSS=0.027 2)
(c)Cu

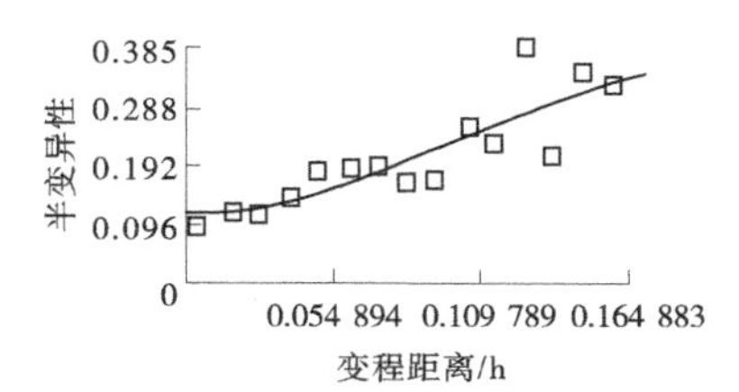

高斯模型(C_0=0.115 0; C_0+C =0.405 0;
A_0=0.139 000; r^2=0.730; RSS=0.027 9)
(d)Zn

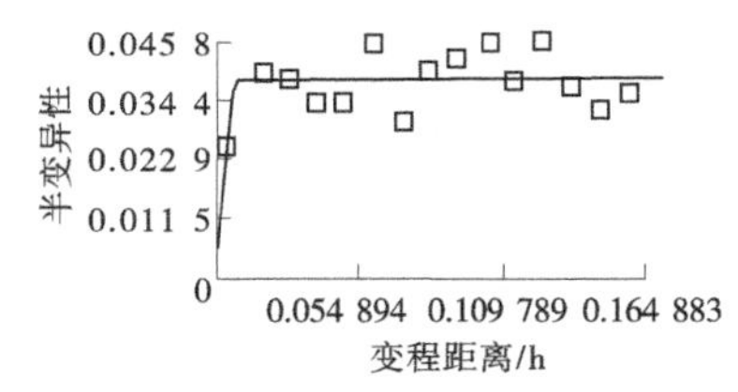

高斯模型(C_0=0.005 70;　C_0+C=0.038 40;
A_0=0.004 000; r^2=0.313; RSS=3.314 × 10^{-4})
(e)As

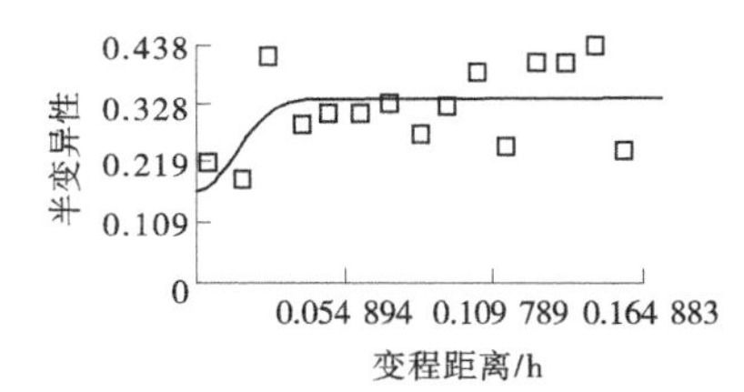

高斯模型(C_0=0.168 3; C_0+C =0.337 6;
A_0=0.020 000; r^2=0.234; RSS =0.066 1)
(f)Cd

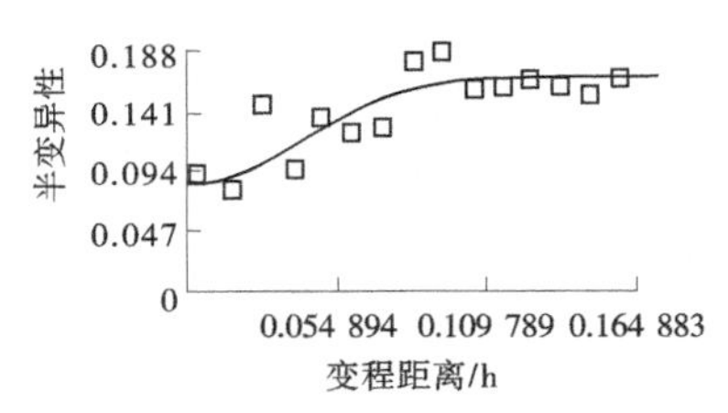

高斯模型(C_0=0.083 9; C_0+C=0.168 8;
A_0=0.058 000; r^2=0.678; RSS=5.003 × 10^{-3})
(g)Pb

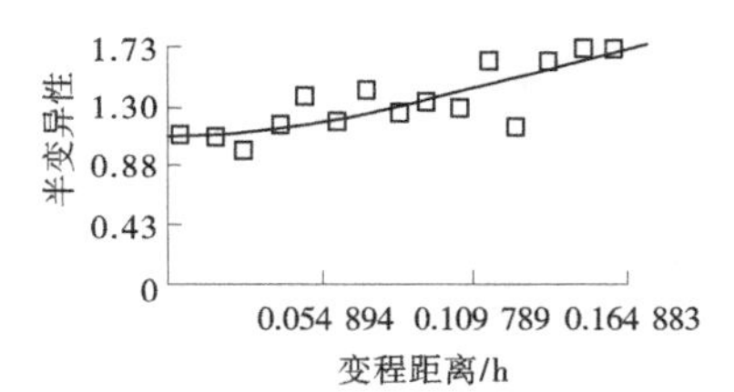

高斯模型(C_0=1.089; C_0+C=2.179;
A_0=0.179 000; r^2=0.652; RSS=0.305)
(h)Hg

图 4-21　各金属元素半变异模型拟合结果

第 5 章　地表街尘重金属对人体健康风险评价

该评估方法可用于评价当前条件下或未来条件下人类暴露于污染环境介质，如灰尘中重金属元素，产生的非致癌风险和致癌风险。

5.1　非致癌风险评价方法

与成人相比，儿童每单位体重消耗更多的食物和水、有更高的表面-体积比、生长速度更快、手入口行为变化和生理变化更快，这解释了两者之间暴露风险的显著性差异。为了确定城市道路灰尘通过以下 4 种暴露途径：入口摄入吸收、通过鼻子吸入重悬浮颗粒物、皮肤或者眼睛接触灰尘、吸入 Hg 蒸气，造成的公共健康风险，将人们分为成人和儿童两组，为了评价每种金属元素的潜在非致癌风险和致癌风险，利用以下公式评估计算通过 4 种暴露途径的每个所研究元素的非致癌健康风险值：

$$AD_{ing} = C \times \frac{\mathrm{Ing}R \times EF \times ED}{BW \times AT} \times 10^{-6} \tag{5-1}$$

$$AD_{inh} = C \times \frac{\mathrm{Inh}R \times EF \times ED}{PEF \times BW \times AT} \tag{5-2}$$

$$AD_{dermal} = C \times \frac{SL \times SA \times ABS \times EF \times ED}{BW \times AT} \times 10^{-6} \tag{5-3}$$

$$AD_{vap} = C \times \frac{\mathrm{Inh}R \times EF \times ED}{VF \times BW \times AT} \tag{5-4}$$

式中：AD_{ing}、AD_{inh}、AD_{dermal} 和 AD_{vap} 分别指的是通过摄食、吸入、皮肤接触和汞蒸气吸入方式的元素日均暴露数量，mg/kg；VF 指的是蒸发因子（volatilization factor），Hg 取 32 675 m^3/kg。公式中用于评价城市道路沉积物人类暴露风险的其他参数值见表 5-1。

表 5-1　评价暴露于郑州市道路灰尘风险的参数取值

参数	单位	取值		参考资料
		儿童	成人	
Ing$R$（灰尘摄取率）	mg/d	200	100	USEPA 2017
Inh$R$（灰尘吸入率）	m^3/d	10	20	SFT 1999

续表 5-1

参数	单位	取值		参考资料
		儿童	成人	
EF-(暴露频率)	d/a	180	180	Men 等 2018; Weerasundara 等. 2018
ED(暴露时间)	a	6	24	USEPA 2001
BW(体重)	kg	15	70	USEPA 1989; USEPA 2009
AT(平均时间)	d	非致癌物质 2 190	非致癌物质 8 760	USEPA 1989
		致癌物质 25 550		
PEF(颗粒物排放系数)	m^3/kg	1.36×10^9	1.36×10^9	USEPA 2001
SL(灰尘皮肤黏附因子)	$mg/(cm^2 \cdot h)$	0.2	0.07	USEPA 2001b
SA(暴露的皮肤范围)	cm^2	2 800	5 700	USEPA 2001
ABS(皮肤吸收因数)	无单位	非致癌物质 0.001 致癌物质 0.01		U.S. Department of Energy 2000

危害指数 *HI*(Hazard Index)等于危害商数 *HQ*(Hazard Quotient)的总和,该商数是通过 4 种暴露途径平均每日暴露剂量与每个元素参考剂量的比值进行计算。*HI* 被用来评估某种元素的非致癌风险积累。

$$HQ = \frac{AD_{ing/inh/dermal/vap}}{R_f D} \tag{5-5}$$

$$HI = \sum_{i=1}^{4} HQ_i \tag{5-6}$$

其中,特定参考剂量 $R_f D$ (specific reference dose)阈值表明某一特定元素污染物将对人类健康产生终身影响的概率。它基于某些毒性作用(如细胞坏死)存在阈值的假设;$R_f D$ 的取值如表 5-4 所示。如果 $HI<1$,则对人体健康的非致癌风险不显著,大于 1 说明极有可能对公众产生不良非致癌作用的风险。

5.2 评价不同暴露途径风险值

为了解郑州市道路灰尘中重金属元素通过不同的暴露途径对人体造成的危害程度,由美国环境保护署USEPA(US Environmental Protection Agency)提出的人体健康风险评价模型被用来评估对公共健康造成的致癌风险和非致癌风险。利用该模型计算所有样本中各重金属元素的*HQ*和*HI*值,以了解各研究地点成人和儿童暴露的非致癌风险。表5-2显示了儿童和成人暴露于各元素*HQ*值的描述性统计意义。

美国环保局声明,如果*HQ*值小于$1×10^{-6}$,非致癌风险可以忽略,而如果危害商数值足够大,超过$1×10^{-4}$,则应该采取补救措施。本书研究了8种重金属元素在不同暴露途径下的*HQ*值。结果显示,对于儿童和成人,所有元素的HQ_{ing}、铬元素的HQ_{dermal}以及汞元素的HQ_{vap}平均值均大于$1×10^{-4}$。更值得关注的是,儿童暴露于砷的HQ_{ing}值以及儿童和成人暴露于铅的HQ_{ing}值,高于$1×10^{-2}$。根据不同暴露途径的*HQ*值,汞对于人体的非致癌暴露风险,4种暴露途径的暴露风险顺序依次为:汞蒸气吸入>摄食>皮肤接触>口鼻吸入。结果表明,通过道路清扫这种清洁机制来降低空气中重金属元素蒸气形态的潜在污染更为困难。另外,对于大多数其他金属元素来说,郑州地区儿童和成人非致癌暴露风险的主要暴露途径为摄食,其次为皮肤暴露接触和口鼻吸入。这一发现与以往研究分析得到的结果相似,在一定程度上也强调了人们应注意个人卫生、减少手-口行为的频率、并在户外适当采取皮肤保护措施的原因,特别是对骨骼生长较快和暴露风险较高的儿童。

利用不同功能区道路沉降样品中各重金属元素的平均值计算危害指数*HI*值,即不同暴露途径下*HQ*值之和。根据表5-3的统计数据分析,成人和儿童在不同功能区所有重金属的*HI*值排序为:商业区>工业区>住宅区>教育区>公园区。虽然儿童接触每种重金属的非致癌风险指数比相应功能区域内成人的指数高一个数量级,但在不同区域间并没有观察到显著的差异。在不同功能区人体对于城市灰尘中重金属的暴露中,儿童在工业区和商业区Pb非致癌暴露风险(*HI*>0.1)最高。此外,Pb对人体健康有害,即使处于低浓度水平,也会破坏神经系统和发育。另外,高血铅水平可替代骨骼中的Ca^{2+}粒子,导致骨骼畸形,特别是儿童,并可能对人体神经系统、肾脏和脑组织产生破坏性影响。因此,长期暴露在工业、商业区域的人,特别是儿童,需要额外的保护。

表 5-2　儿童和成人通过 4 种暴露途径接触到 8 种重金属的危害商数 *HQ* 的值

项目	*HQ*		Cr	Ni	Cu	Zn	As	Cd	Pb	Hg
成人	HQ_{ing}	95%	4.65×10^{-3}	2.00×10^{-4}	5.52×10^{-4}	3.67×10^{-4}	9.58×10^{-3}	1.71×10^{-4}	1.13×10^{-2}	6.58×10^{-4}
		平均值	3.99×10^{-3}	1.68×10^{-4}	4.75×10^{-4}	3.20×10^{-4}	9.18×10^{-3}	1.39×10^{-4}	1.02×10^{-2}	5.39×10^{-4}
		最小值	1.53×10^{-3}	7.62×10^{-5}	1.23×10^{-4}	7.40×10^{-5}	4.96×10^{-3}	2.85×10^{-5}	3.89×10^{-3}	7.98×10^{-5}
		最大值	2.91×10^{-2}	1.45×10^{-3}	2.81×10^{-3}	1.53×10^{-3}	1.45×10^{-2}	1.14×10^{-3}	3.23×10^{-2}	2.36×10^{-3}
	HQ_{inh}	95%	7.17×10^{-5}	2.86×10^{-8}	8.08×10^{-8}	5.40×10^{-8}	1.40×10^{-6}	2.52×10^{-8}	1.65×10^{-6}	3.38×10^{-7}
		平均值	6.16×10^{-5}	2.41×10^{-8}	6.95×10^{-8}	4.71×10^{-8}	1.35×10^{-6}	2.05×10^{-8}	1.50×10^{-6}	2.78×10^{-7}
		最小值	2.36×10^{-5}	1.09×10^{-8}	1.80×10^{-8}	1.09×10^{-8}	7.27×10^{-7}	4.19×10^{-9}	5.68×10^{-7}	4.11×10^{-8}
		最大值	4.49×10^{-4}	2.07×10^{-7}	4.12×10^{-7}	2.25×10^{-7}	2.12×10^{-6}	1.68×10^{-7}	4.73×10^{-6}	1.22×10^{-6}
	HQ_{dermal}	95%	3.87×10^{-4}	1.23×10^{-6}	3.06×10^{-7}	3.05×10^{-7}	3.89×10^{-5}	2.85×10^{-5}	1.25×10^{-5}	1.56×10^{-6}
		平均值	3.32×10^{-4}	1.04×10^{-6}	2.63×10^{-7}	2.66×10^{-7}	3.72×10^{-5}	2.32×10^{-5}	1.13×10^{-5}	1.28×10^{-6}
		最小值	1.27×10^{-4}	4.69×10^{-7}	6.81×10^{-8}	6.15×10^{-8}	2.01×10^{-5}	4.73×10^{-6}	4.31×10^{-6}	1.90×10^{-7}
		最大值	2.42×10^{-3}	8.92×10^{-6}	1.56×10^{-6}	1.27×10^{-6}	5.87×10^{-5}	1.90×10^{-4}	3.58×10^{-5}	5.61×10^{-6}
	HQ_{vap}	95%								4.83×10^{-3}
		平均值								3.96×10^{-3}
		最小值								5.87×10^{-4}
		最大值								1.74×10^{-2}

续表 5-2

项目	HQ		Cr	Ni	Cu	Zn	As	Cd	Pb	Hg
儿童	HQ_{ing}	95%	1.09×10^{-2}	4.67×10^{-4}	5.15×10^{-3}	3.42×10^{-3}	2.24×10^{-2}	4.00×10^{-4}	0.105	6.14×10^{-3}
		平均值	9.31×10^{-3}	3.93×10^{-4}	4.43×10^{-3}	2.99×10^{-3}	2.14×10^{-2}	3.25×10^{-4}	9.56×10^{-2}	5.03×10^{-3}
		最小值	3.57×10^{-3}	1.78×10^{-4}	1.15×10^{-3}	6.90×10^{-4}	1.16×10^{-2}	6.64×10^{-5}	3.63×10^{-2}	7.45×10^{-4}
		最大值	6.80×10^{-2}	3.38×10^{-3}	2.63×10^{-2}	1.43×10^{-2}	3.38×10^{-2}	2.67×10^{-3}	0.302	2.21×10^{-2}
	HQ_{inh}	95%	4.18×10^{-5}	1.67×10^{-8}	1.88×10^{-7}	1.26×10^{-7}	8.19×10^{-7}	1.47×10^{-8}	3.86×10^{-6}	7.90×10^{-7}
		平均值	3.59×10^{-5}	1.40×10^{-8}	1.62×10^{-7}	1.10×10^{-7}	7.85×10^{-7}	1.20×10^{-8}	3.49×10^{-6}	6.48×10^{-7}
		最小值	1.38×10^{-5}	6.34×10^{-9}	4.19×10^{-8}	2.54×10^{-8}	4.24×10^{-7}	2.44×10^{-9}	1.33×10^{-6}	9.59×10^{-8}
		最大值	2.62×10^{-4}	1.21×10^{-7}	9.61×10^{-7}	5.24×10^{-7}	1.24×10^{-6}	9.81×10^{-8}	1.10×10^{-5}	2.84×10^{-6}
	HQ_{dermal}	95%	6.33×10^{-4}	2.02×10^{-6}	2.00×10^{-6}	2.00×10^{-6}	6.36×10^{-5}	4.67×10^{-5}	8.20×10^{-5}	1.02×10^{-5}
		平均值	5.43×10^{-4}	1.70×10^{-6}	1.72×10^{-6}	1.74×10^{-6}	6.10×10^{-5}	3.80×10^{-5}	7.43×10^{-5}	8.39×10^{-6}
		最小值	2.08×10^{-4}	7.68×10^{-7}	4.46×10^{-7}	4.03×10^{-7}	3.29×10^{-5}	7.75×10^{-6}	2.82×10^{-5}	1.24×10^{-6}
		最大值	3.97×10^{-3}	1.46×10^{-5}	1.02×10^{-5}	8.32×10^{-6}	9.61×10^{-5}	3.11×10^{-4}	2.35×10^{-4}	3.68×10^{-5}
	HQ_{vap}	95%								2.82×10^{-3}
		平均值								2.31×10^{-3}
		最小值								3.42×10^{-4}
		最大值								1.01×10^{-2}

表 5-3　郑州市不同功能区各重金属元素对于成人和儿童的危害指数 *HI* 值

项目		教育区		工业区		住宅区		商业区		公园区	
		成人	儿童	成人	儿童	成人	儿童	成人	儿童	成人	儿童
HI	Cr	9.14×10^{-3}	1.70×10^{-2}	1.66×10^{-2}	3.09×10^{-2}	1.16×10^{-2}	2.15×10^{-2}	0.154	2.87×10^{-2}	8.43×10^{-3}	1.57×10^{-2}
	Ni	1.86×10^{-4}	4.17×10^{-4}	2.83×10^{-4}	6.34×10^{-4}	1.84×10^{-4}	4.14×10^{-4}	1.86×10^{-4}	4.18×10^{-4}	1.62×10^{-4}	3.65×10^{-4}
	Cu	4.08×10^{-4}	3.80×10^{-3}	3.30×10^{-4}	3.07×10^{-3}	5.68×10^{-4}	5.28×10^{-3}	7.42×10^{-4}	6.90×10^{-3}	2.86×10^{-4}	2.66×10^{-3}
	Zn	3.67×10^{-4}	3.40×10^{-3}	3.16×10^{-4}	2.93×10^{-3}	3.93×10^{-4}	3.64×10^{-3}	3.48×10^{-4}	3.23×10^{-3}	2.26×10^{-4}	2.09×10^{-3}
	As	1.07×10^{-2}	2.43×10^{-2}	9.70×10^{-3}	2.20×10^{-2}	1.02×10^{-2}	2.31×10^{-2}	9.20×10^{-3}	2.09×10^{-2}	1.07×10^{-2}	2.42×10^{-2}
	Cd	9.91×10^{-4}	1.76×10^{-3}	5.14×10^{-4}	9.13×10^{-4}	5.79×10^{-4}	1.03×10^{-3}	8.45×10^{-4}	1.50×10^{-3}	5.40×10^{-4}	9.59×10^{-4}
	Pb	9.77×10^{-3}	9.05×10^{-2}	1.18×10^{-2}	0.109	1.04×10^{-2}	9.65×10^{-2}	1.38×10^{-2}	0.128	7.10×10^{-3}	6.58×10^{-2}
	Hg	1.04×10^{-2}	1.03×10^{-2}	9.79×10^{-3}	9.67×10^{-3}	1.54×10^{-2}	1.52×10^{-2}	1.60×10^{-2}	1.58×10^{-3}	7.98×10^{-3}	7.88×10^{-3}
	总和	4.20×10^{-2}	0.152	4.93×10^{-2}	0.179	4.93×10^{-2}	0.167	5.65×10^{-2}	0.205	3.54×10^{-2}	0.120

5.3　非致癌风险空间分布特征

分析表明,成人和儿童各重金属元素 *HI* 空间分布趋势一致。由于儿童比成人更容易受到影响,同一重金属的相同浓度对儿童的危害指数高于成人。图 5-1 利用 29 个样本点(3 个子采样点的平均值)的数据,给出了各元素儿童 *HI* 值的空间分布。

图 5-2 中描述的 Hg *HI* 值表明研究区域中部儿童和成人的健康风险较高,两者之间存在微小差异,在对应研究点上儿童的健康风险比成人低 0.99 倍。Cr、Ni、As 和 Cd 的 *HI* 值也有轻微差异,儿童风险值分别是成人的 1.86 倍、2.24 倍、2.27 倍和 1.78 倍。郑州市 Cd 造成的非致癌危害风险空间分布在北部地区较高,而 As 非致癌风险在北部和西部地区较高。郑州市西北地区 Ni 和 Cr 的 *HI* 值较大,这可能是由于工业区内 IA1(3)样品中金属含量过高所致,该地区主要是用镍氢电池或镍镉电池和铬合金制造机器人。在儿童和成人中,Cu、Zn 和 Pb 的风险值差异最大,儿童的风险值分别比成人高出 9.30 倍、9.28 倍和 9.26 倍,几乎高出一个量级。不论是在商业区、住宅区还是在公园区,Cu、Zn 和 Pb 通常与汽车的成分和使用有关,对郑州市中心地区的成人和儿童都会构成较大的健康风险。这一现象意味着较大的非致癌健康风险可归因于密集的人类活动,如交通拥堵和大量人群。这一发现还表明,道路灰尘中的重金属可以通过一定的扩散影响周边道路沉积物中的重金属含量。

5.4　致癌风险评价

对于致癌重金属元素 As、Cr、Ni 和 Cd 通过吸入暴露途径的生命日平均剂量 *LADD*(Life Average Daily Dose)的计算可使用以下公式进行计算。

$$LADD = \frac{C \times EF}{AT \times PEF} \times \left(\frac{\mathrm{In}h_{\mathrm{child}} \times ED_{\mathrm{child}}}{BW_{\mathrm{child}}} + \frac{\mathrm{In}h_{\mathrm{adult}} \times ED_{\mathrm{adult}}}{BW_{\mathrm{adult}}} \right) \tag{5-7}$$

$$\text{Carcinogenic Risk}(CR) = LADD \times SF \tag{5-8}$$

式中的浓度值 C(mg/kg),结合暴露因子的值,被认为是对产生“合理最大暴露”的估计。建议对单一暴露情况(当前和未来土地利用)而不是对平均暴露和上限暴露两种情况进行评估。两种暴露情况评估方法在一定程度上衡量了这些估计的不确定性范围,但接触的上限估计可能高于可能接触的范围,而平均估计低于大多数人口的潜在暴露可能性。利用 SPSS 22 软件对郑州市 87 个灰尘样本中重金属浓度进行分析,所得各元素浓度值的 *P-P* 图均呈现对数正态分布。因此,均值的 95%置信区间的置信上限 *UCL*(Upper Confidence Limit)通过以下公式进行计算,以评估合理预计会发生在某一地点的最高暴露量。

$$C_{95\%\mathrm{UCL}} = \exp\left(\overline{X} + 0.5s^2 + \frac{s \times H}{\sqrt{n-1}} \right) \tag{5-9}$$

式中:$\overline{X}$ 为对数变换后数据的算数平均值;s 为对数变换后数据的标准差;H 为 H 统计量;

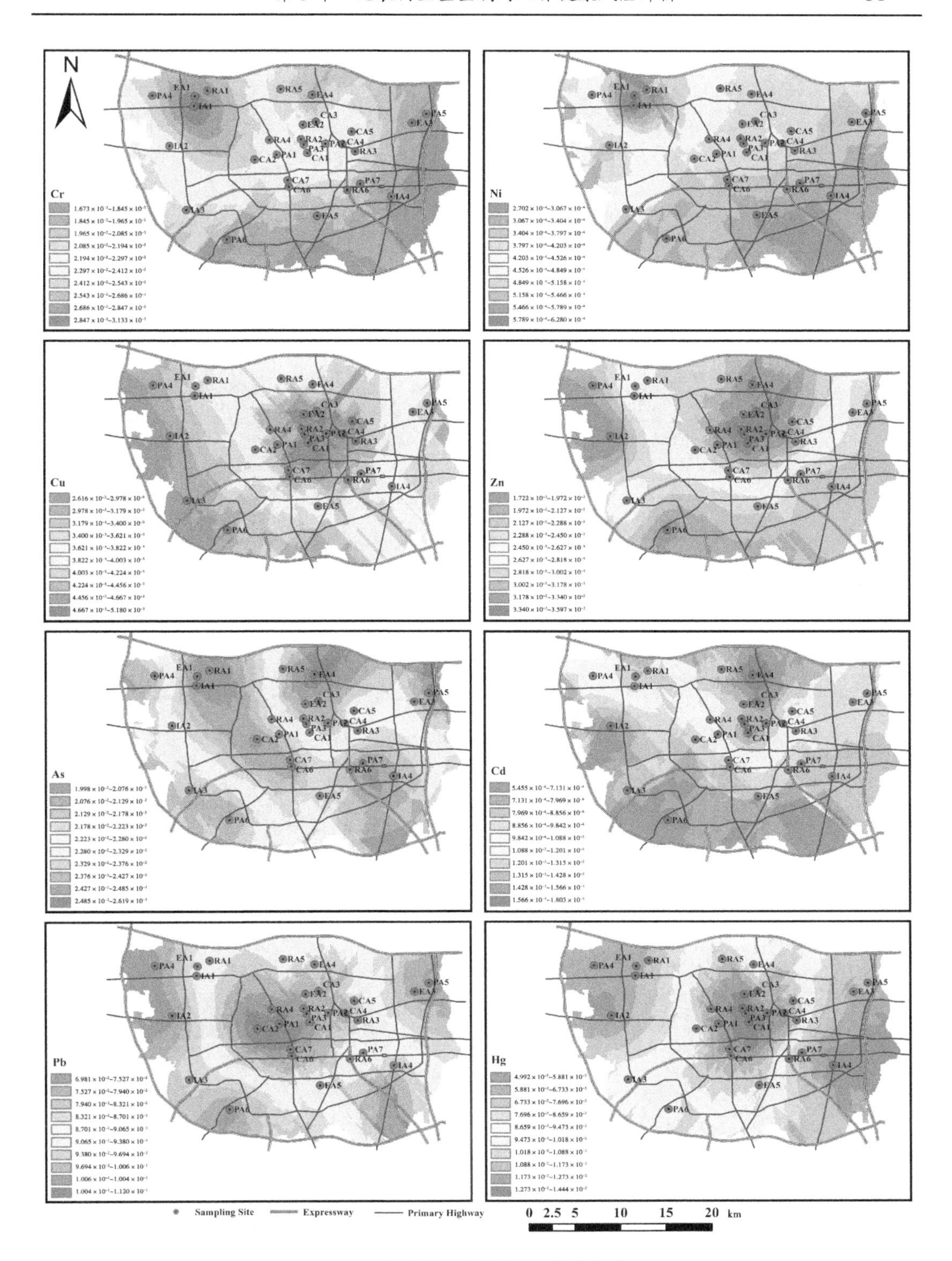

图 5-1　各金属元素儿童 *HI* 值空间分布

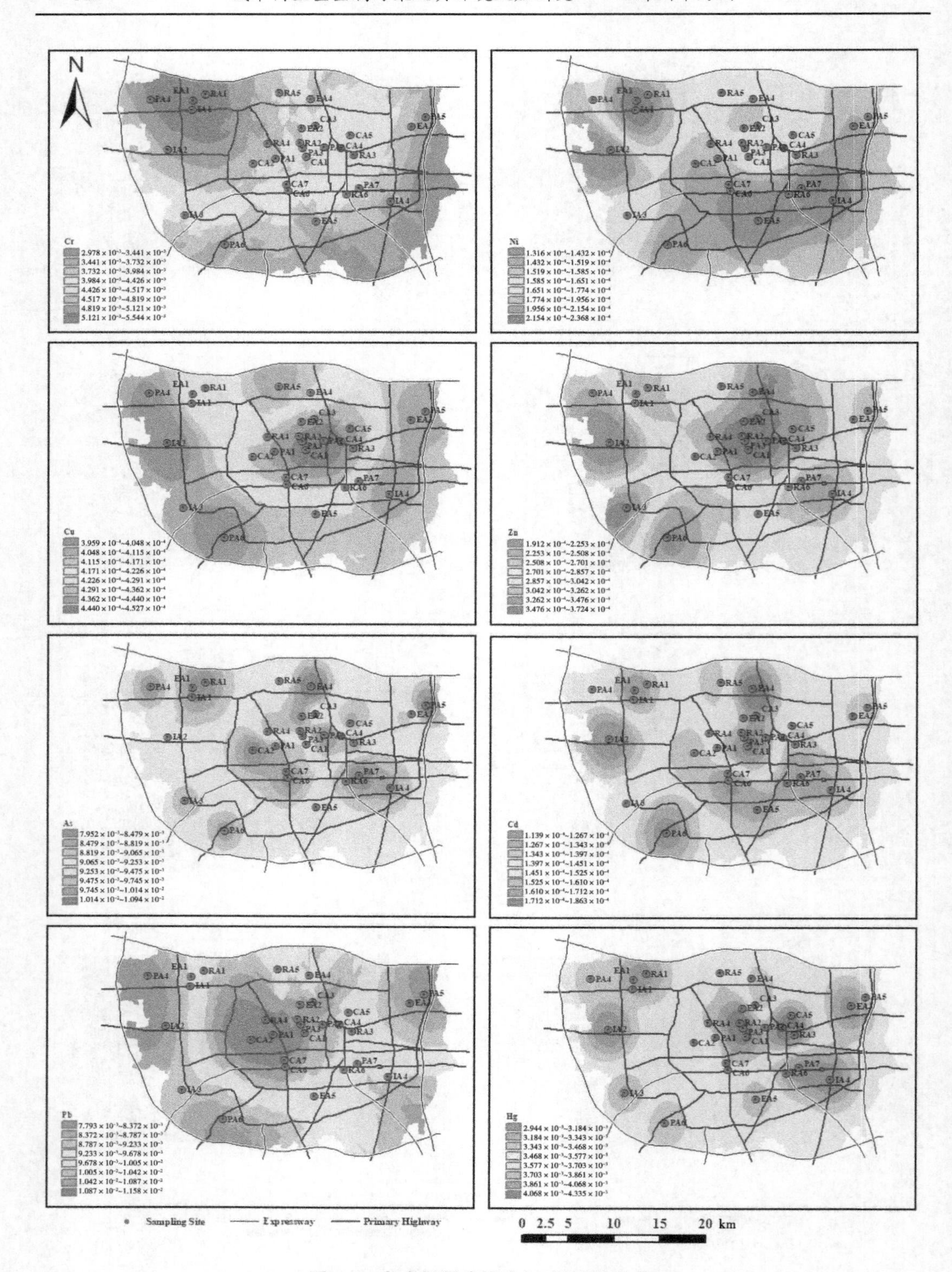

图 5-2 各金属元素成人 *HI* 值空间分布

n 是样本数量；Inh_{child}、ED_{child}、BW_{child} 是对于儿童的参数值，Inh_{adult}、ED_{adult}、BW_{adult} 是对于成人来说相应的参数值（见表 5-1）。SF 是致癌物质的坡度因子（slope factor），mg/（kg · d），其取值列于表 5-4 中。

表 5-4　每种金属元素坡度因子 SF 和参考剂量 R_fD 的取值

元素	种类	R_fD_{ing}/[mg/(kg · d)][a]	R_fD_{inh}/[mg/(kg · d)][b]	R_fD_{dermal}/[mg/(kg · d)][c]	R_fD_{vap}/[mg/(kg · d)][d]	SF/[mg/(kg · d)][e]
As	致癌元素	3.00×10^{-4}	3.01×10^{-4}	1.23×10^{-4}		1.51
Cd		1.00×10^{-3}	1.00×10^{-3}	1.00×10^{-5}		6.30
Cr		3.00×10^{-3}	2.86×10^{-5}	6.00×10^{-5}		42.0
Ni		2.00×10^{-2}	2.06×10^{-2}	5.40×10^{-3}		0.84
Cu	非致癌元素	4.00×10^{-2}	4.02×10^{-2}	1.20×10^{-2}		
Hg		3.00×10^{-4}	8.57×10^{-5}	2.10×10^{-5}	8.57×10^{-5}	
Pb		3.50×10^{-3}	3.52×10^{-3}	5.25×10^{-4}		
Zn		0.300	0.300	6.00×10^{-2}		

注：a. 摄食方式的参考剂量。
b. 通过吸入的参考剂量。
c. 皮肤接触的参考剂量。
d. 汞蒸气吸入的参考剂量。
e. 通过吸入方式造成致癌风险的坡度因子。

致癌风险 $CR<10^{-6}$ 表明，暴露于道路灰尘中重金属元素不会产生致癌风险；而如果 $CR>10^{-4}$，潜在的致癌风险会较高。当致癌风险在两者之间时，应采取一些管理措施来减轻致癌风险。

该项研究中的所有样本中 Cr、Ni、As 和 Cd 等致癌重金属元素的 CR 值表明，Ni、As 和 Cd 的平均致癌风险值分别为 6.59×10^{-10}、9.69×10^{-10} 和 2.05×10^{-10}，这都低于阈值（$10^{-6}\sim10^{-4}$）的下限，风险是可以忽略的（见表 5-5）。其中较高的值是砷暴露，砷中毒最常见的不良健康影响是皮肤损伤（黑变病、角化病、白斑病），这些症状被认为是砷中毒的早期症状。郑州市公共 Cr 的致癌风险（1.17×10^{-7}）最有可能接近下限值（10^{-6}），特别是在工业区内采集的样本（8.55×10^{-7}）。从 5 个不同功能区致癌元素 CR 值来看，工业区 Cr 和 Ni 的致癌健康风险最高，其次是商业区、住宅区或教育区和公园区，这与危害指数值 HI 的排序相似。此外，Cr 被广泛用于暴露合金表面和建筑材料，以及电镀、电池、塑料和化肥。商业和教育建筑的建设以及在居民区使用电池、塑料可能是教育区、商业区和住宅区中致癌风险值较高的原因。因此，Cr 对人类的癌症暴露风险，特别是在工业区的癌症暴露风险，应予以高度重视。此外，为了全面评估一个城市的污染风险，还应该考虑其他污染物，如多环芳烃、$PM_{2.5}$ 或其他未检测的重金属，如 Mn、Fe 等。

表 5-5 郑州市不同功能区内道路灰尘中各致癌金属元素对居民造成的致癌风险 *CR* 值

不同功能区	教育区	工业区	住宅区	商业区	公园区
Cr	8.91×10^{-8}	1.62×10^{-7}	1.13×10^{-7}	1.50×10^{-7}	8.22×10^{-8}
Ni	6.33×10^{-10}	9.63×10^{-10}	6.28×10^{-10}	6.35×10^{-10}	5.54×10^{-10}
As	1.03×10^{-9}	9.32×10^{-10}	9.76×10^{-10}	8.84×10^{-10}	1.03×10^{-9}
Cd	2.91×10^{-10}	1.51×10^{-10}	1.70×10^{-10}	2.48×10^{-10}	1.59×10^{-10}

5.5 小 结

本章基于美国环保署提出的人体健康风险评价模型,对儿童和成人在 4 种不同暴露途径下接触到城市灰尘中 8 种金属元素所遭受的非致癌风险进行计算评估,并依据空间插值理论分析危害指数 *HI* 的空间分布特征。对其中 4 种致癌重金属元素暴露风险进行计算,分析不同暴露途径下各金属元素对城市居民造成的致癌风险。

第6章　大气干湿沉降对地表径流重金属的潜在污染负荷

6.1　降雨模拟试验设计

本次试验共选取了29个RDS采样点。在郑州市周边多个采样点采集了道路沉积物(RDS);5个来自教育区(EA),4个来自工业区(IA),7个来自公园区(PA),6个来自住宅区(RA),7个来自商业地区(CA)。每次都从道路的不同区域采集样本。采样时,马路牙子的中路首先被用吸尘器清扫,然后用尺子测量取样区域的大小。在每个采样点,使用数字称重仪对RDS标本进行称重。采集的样品重量为1～1.5 kg。利用聚酯筛将样品分离为<40 μm、40～60 μm、60～100 μm、100～150 μm、150～300 μm、300～500 μm和>500 μm的粒度组分。

许多重要因素影响着RDS对径流和径流污染的潜在贡献。在RDS径流试验中,研究RDS粒径和组成以及降雨强度具有重要意义。对于不同粒径,可以通过合并各粒径的百分比来计算RDS百分比贡献。RDS对地表径流的清除率是通过一个专门构建的降雨模拟和微小的不透水地表地块来估算的。模拟降雨装置由两个模拟降雨装置组成。摇摆式喷嘴臂伸出2.5 m高,两个模拟降雨器各有4个喷嘴,平均间隔1.1 m。一个电气控制箱控制着降雨模拟器,允许它们根据不同的降雨强度进行校准。该喷嘴(Veejet 80100)产生了0.04 MPa的中等大小的雨滴。当两个模拟降雨装置同时使用时,可提供1.5 m至2.2 m的均匀降雨区域。对于冲洗测试地块,选择了一个1.5 m×2 m的区域。地块边界由1.5 m×2 m的塑料框架标记,然后用瓷砖表面密封。有必要让塑料框架的一端打开,以便连接用于收集径流的集水盘。

在冲洗试验中,通过比较收集的水量与试验中使用的模拟降雨的水量来评估径流水的恢复效率。RDS冲洗试验田所选道路为几年前铺设的沥青路面,实测坡度为2.37度,粗糙度为0.624 mm。洗脱试验前,RDS分布均匀分布在洗脱试验区域。在下一次模拟降雨事件发生前,用水管对模拟径流小区进行冲洗,以确保小区表面得到充分冲洗。从整个研究区域选择了混合RDS样本,以确保模拟径流试验有代表性的样本。42个不同的降雨事件,不同的降雨量和3种不同每平方米质量的RDS都做了。

6.2　质量控制和分析方法

在标准方法的帮助下,能够在每个RDS样品中确定5种重金属元素(Cr、Cu、Ni、Zn、Pb)的存在。使用HF-$HClO_4$热板消解法消化RDS样品。RDS消化标准为GBW07401(GSS-1)和GBW07402(GSS-2)。它们是由中华人民共和国市场监督管理总局认证的土壤标准物质(CRMs)。然而,在以前的研究中,土壤标准管理被认为是评估 RDS 分析充分性的合适方法,即使没有可用的 RDS 标准管理。5 种金属的研究范围为 74%~111%(Cr 为 74%~96%,Cu 为 90%~105%,Ni 为 90%~103%,Zn 为 95%~108%,Pb 为 90%~111%)。Cr、Cu、Ni、Zn 的检出限度为 0.1~1 mg/L,Pb 的检出限度为 1~10 mg/L。对 2% 重复的 RDS 样本进行分析;在重复样品中发现的金属含量始终在平均浓度的±10%以内。每组样品的评价都包括空白试剂。

径流水的样本在 0.45 m 处的预称重的微孔滤纸进行过滤。然后,将滤纸烘干并再次称重,以计算出水中的总悬浮固体(TSS)。对滤液样品使用相同的过程来测量每批样品的空白。在分析之前,所有溶液都保持在 4 ℃。在 95%的置信度和近 8%的精度下,Perkin-Elmer Elan 6000 ICP-OES 被用于测量 Cr、Cu、Ni、Zn 和 Pb 浓度。

6.3　重金属负荷估算

估算了每个 RDS 样本的污染物负荷百分比,以量化不同粒径颗粒对 RDS 整体污染的贡献。以下为粒径分数载荷(GSF_{Load})的计算公式:

$$GSF_{\text{Load}} = \frac{C_i \times GS_i}{\sum_{i=1}^{n} C_i \times GS_i} \tag{6-1}$$

式中:C_i 为给定粒度下样品重金属浓度;GS_i 为总样品中尺寸分数的质量百分比;M 为粒径分数的数量。

6.4　RDS 在地表径流估算中的百分比

每次模拟降雨事件之后,都要收集地表径流样本,并在预定的时间间隔内确定它们的数量。作为来自不透水地表的径流中 RDS 总质量的百分比,每个 RDS 粒径分数被报告为该质量的百分比。这是用以下公式确定的:

$$F_w(\%) = \frac{M_{F_w}}{M_{\text{initial}}} \times 100\% = \frac{\int_0^1 C(t) \times Q(t)\,\mathrm{d}t}{M_{\text{initial}}} \times 100\% \tag{6-2}$$

式中:F_w 为各 RDS 粒径组分在整个降雨过程中被冲刷掉的百分比(%);M_{Fw} 为整个降雨过程中被冲刷掉的粒径组分的质量,mg;M_{initial} 为对应粒径 RDS 在地表的初始质量,mg;$C(t)$为各采样时间对应粒径 RDS 在地表径流水中的质量,mg/L;$Q(t)$为各采样时间的地表径流流量,m^3/min。

6.5　重金属对地表径流的贡献

下面的公式用来计算有多少污染可以从地表冲刷到径流中:

$$P_w = \sum_{i=1}^{7} M_i \times C_i \times F_{w_i} \tag{6-3}$$

式中：P_w 为单位面积径流量潜在污染贡献率，μg/m²；M_i 为单位面积一个粒径分数 RDS 的质量，mg/m²；C_i 为各粒径分数 RDS 的重金属质量，mg/kg；F_{w_i} 为各粒径分数冲刷地表的百分比，%。

6.6　道路沉积物的源头和运输因素

6.6.1　源因子

当涉及地表径流时，RDS 中所包含的污染物数量是至关重要的，因为它决定了地表径流中存在的污染物数量。RDS 指数模型使用了 RDS 水平、粒度和与 RDS 相关的污染物等源头因素。我们查看了各种功能区和大量站点，以尽可能获得最佳的 RDS 参数估计。单位面积 RDS 质量范围较大，平均值为 70 g/m²。对每个 RDS 粒度分数的金属浓度都进行了分析。

6.6.2　传输因子

利用模拟降雨来评估各 RDS 粒径组分的颗粒迁移率。地表径流的估算使用了一个专门建造的降雨模拟器和不透水的地块。利用式(6-2)计算不透水地表径流中 RDS 的质量占径流中 RDS 的总质量与地表 RDS 的起始质量的百分比。为了生成 *Fw*，42 个不同的模拟冲洗场景分别运行 1 h，每个场景采用 7 个 RDS 颗粒组(<40 μm、40~60 μm、60~100 μm、100~150 μm、150~300 μm、300~500 μm、>500 μm)，模拟降雨强度范围为(10~120.3 mm/h)。*Fw* 用于确定不同粒径的 RDS 洗去量，以及与洗去颗粒相连接的重金属水平。尽管整体 RDS 颗粒的临界值受其粒径分布的影响，但单个粒径颗粒的临界值不受影响。为了在计算中准确地描述 RDS 冲洗场景，使用每个 RDS 粒度的冲洗百分比来计算相关采样区域的总体 RDS 冲洗百分比和数量。使用每个 RDS 颗粒组的 Fw_i 值，计算从每个功能区提取的 RDS 样品的 RDS 冲洗量。

6.6.3　源和运输因子评级

根据对 RDS 特征的现场观测，将权重分配给源元素和运输元素。RDS 每平方英寸质量分为 6 组，见表 6-1。

表 6-1　单位面积 RDS 质量等级

$M_{加权}$/(g/m²)	0~30	31~60	61~90	91~140	141~190	>190
等级	1	1.75	2.5	3	3.5	3.75

运输变量可以根据 RDS 在各粒级(F_{w_i})中被冲刷掉的颗粒所占的百分比进行分级。转运因子被纳入 RDS 指数，方法是将特定粒度分数的 F_w 值赋值为 1，其中 F_w 值为最低(见表 6-2)。以最小 F_w 值计算出不同粒度组分的 F_w 值。

表 6-2　RDS 中运输因素的评级

运输因子	RDS 粒度分数/μm						
	<40	40~60	60~100	100~150	150~300	300~500	>500
$Fw_{i加权}$	17	10	4.5	4.3	2.9	1.5	1

6.7　RDS 指标计算

本节将解释 RDS 指标计算的基本概念。RDS 指标是在磷指数的基础上建立的,磷指数用于模拟农村地区的弥漫性污染,而 RDS 指标是专门针对城市地区弥漫性污染的 RDS 特征而建立的。本研究利用 RDS 指标来衡量真实的污染物负荷,并通过计算相对污染风险来确定关键的污染源地点。重要的是,在使用 RDS 特性的定量和半定量应用中,都要考虑源和运输因素。采用加权 RDS 特征和实测 RDS 特征分别确定半定量和定量污染物负荷。利用式(6-4)导出 RDS 指标。

$$RDS_{指数} = F_{源} \times F_{运输} \tag{6-4}$$

式中:$F_{源}$为源因子;$F_{运输}$为运输因子。

6.7.1　负荷指数模型

对于这一特定负载,使用式(6-7)根据观测到的源和传输因子值计算 RDS 指数模型。$F_{源,负载}$、$F_{运输,荷载}$分别由式(6-5)和式(6-6)作为荷载计算的输入独立确定。

$$F_{源,负载} = \sum_{j=1}^{m}\sum_{i=1}^{n}(M_i \times C_{ij} \times A) \tag{6-5}$$

$$F_{运输,荷载} = F_{w,观测的} \tag{6-6}$$

$$RDS_{指数,荷载} = F_{源,负载} \times F_{运输,荷载} = \sum_{j=1}^{m}\sum_{i=1}^{n}(M_i \times C_{ij} \times A \times F_{w_i,观测的}) \tag{6-7}$$

式中:$RDS_{指数,荷载}$为径流中潜在的污染量,kg;M_i为单位面积上特定 RDS 粒径分数的质量,mg/m^2;C_{ij}为 RDS 中 i 粒径分数和金属种类 j 的实测浓度,mg/kg;i 和 j 分别为研究中粒径分数和金属种类的数量;A 为路面面积。

6.7.2　污染强度指数模型

利用式(6-10),基于源和运输因子的加权值,生成污染强度的 RDS 指数。式(6-8)和式(6-9)分别计算 $F_{源,强度}$ 和 $F_{运输,强度}$。

$$F_{源,强度} = \sum_{j=1}^{m}\sum_{i=1}^{n}(T_r^j \times \frac{C_{ij}}{C_{rj}} \times Pi \times M_{加权}) \tag{6-8}$$

$$F_{运输,强度} = F_{w,加权} \tag{6-9}$$

$$RDS_{指数,强度} = F_{源,强度} \times F_{运输,强度} = \sum_{j=1}^{m}\sum_{i=1}^{n}(T_r^j \times \frac{C_{ij}}{C_{rj}} \times Pi \times M_{加权} \times F_{w_i,观测的}) \tag{6-10}$$

式中:$RDS_{指数,强度}$为径流中潜在污染强度;T_t^i为毒性响应因子,数值为 Cr=2,Cu=5,Zn=1,

Ni = 3, Pb = 5; Pi 为带有粒度的 RDS 数量; i 为占 RDS 总质量的百分比; $M_{加权}$ 为每个采样点单位面积的总体 RDS 质量水平。

根据源因子和运输因子的乘积对 $RDS_{指数,强度}$ 法进行了赋值和分类。$RDS_{指数,强度}$ 分类为 $RDS_{指数,强度} \leqslant 150$(低风险), $150 < RDS_{指数,强度} \leqslant 300$(中等风险), $300 < RDS_{指数,强度} \leqslant 600$(风险较大), $RDS_{指数,强度} < 600$(高危)。

6.8 结果与讨论

6.8.1 RDS 中重金属浓度

在重金属的赋生方面,本研究在 RDS 的每个尺寸组中分别观察了 5 种不同的金属(Cr、Cu、Ni、Zn 和 Pb)(见表 6-3 和图 6-1),这些重金属在郑州的背景值分别为 64、14、21、42 和 18。

表 6-3　不同粒径组分中重金属的平均浓度

重金属	*RDS* 的粒度分数/μm						
	<40	40~60	60~100	100~150	150~300	300~500	>500
Cr	74.80	75.25	62.83	70.56	52.46	44.70	38.02
Cu	81.57	71.62	57.54	62.65	46.64	27.09	19.10
Ni	29.67	24.21	19.12	20.54	16.94	14.15	12.82
Zn	422.60	363.40	260.20	233.50	169.30	198.90	108.90
Pb	187.90	123.50	100.10	92.71	98.36	85.53	110.80

在这些金属中,Zn 在除>500 μm 的其他各粒度下,平均浓度最高,>500 μm 粒度下,Pb 的浓度最高,Ni 在各粒度下浓度均最小。大多数重金属浓度大大高于各自的背景值。除 Cr 外,其余金属在最小的 RDS 颗粒中浓度最高,在 40~60 μm 的颗粒中浓度最高。RDS 颗粒<40 μm 的浓度为 Cr 74.80 mg/kg, Cu 81.57 mg/kg, Ni 29.67 mg/kg, Zn 422.60 mg/kg, Pb 187.90 mg/kg。除 Pb 在 300~500 μm 处浓度最低外,其余各重金属在>500 μm 处浓度最低。总体而言,粒径越小的馏分中重金属含量越高。

由于本研究是在 5 个不同的功能区进行的,图 6-2 按功能区和粒度分布总结了 5 种重金属(Cr、Cu、Ni、Zn 和 Pb)的浓度。也就是说,RA 的 Cr 和 Ni 浓度最高,EA 的 Cr 和 Ni 浓度最低。出乎意料的是,IA 的 Cu、Zn 和 Pb 含量最低,而 PA 的 Zn 和 Pb 浓度最高,CA 的 Cu 浓度最高。

6.8.2 RDS 的重金属负荷

使用 GSF_{Load} 计算每个 RDS 尺寸分数的重金属负荷占该尺寸分数的百分比。平均

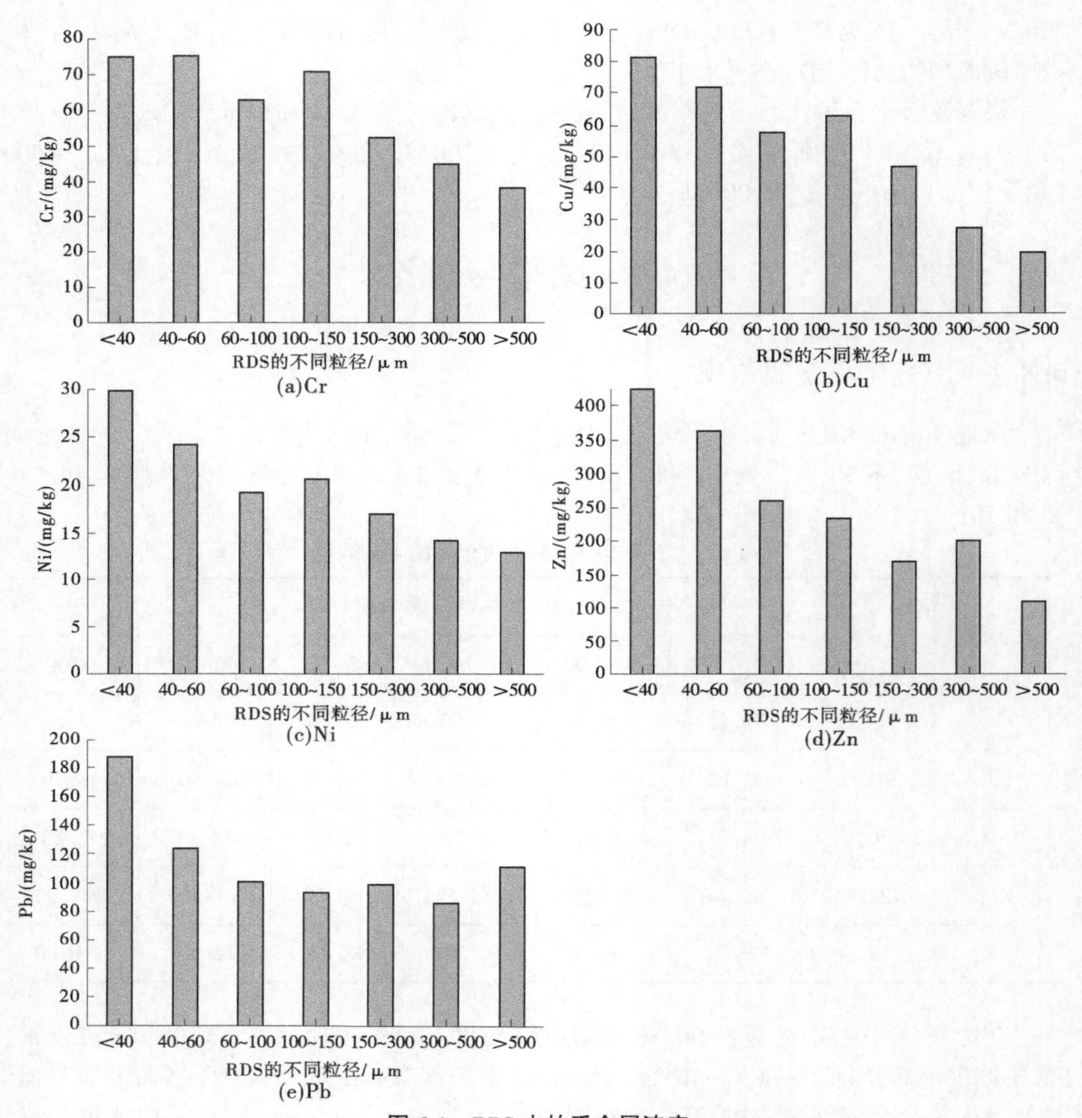

图 6-1　RDS 中的重金属浓度

GSF_{Load} 对各金属的贡献率为 60～100 μm>15～300 μm>100～150 μm>300～500 μm>40～60 μm>500～1 000 μm>0～40 μm(见图 6-3)。重金属主要集中在直径<3 000 μm 的 RDS。通常将粒径小于 100 μm 的 RDS 作为径流中悬浮颗粒的粒径。因此,平均直径为 100 μm 的颗粒对 RDS 整体金属污染的贡献对径流污染的可能排放产生影响。综合考虑所有金属元素时,各功能区<100 μm 颗粒对 GSF_{Load}(%)的贡献百分比依次为 RA>PA>IA>EA>CA。

6.8.3　基于模拟降雨的地表径流 RDS 和重金属负荷估算

为了量化 RDS 对城市径流的贡献,有必要深入了解不同 RDS 粒径的组分是如何从

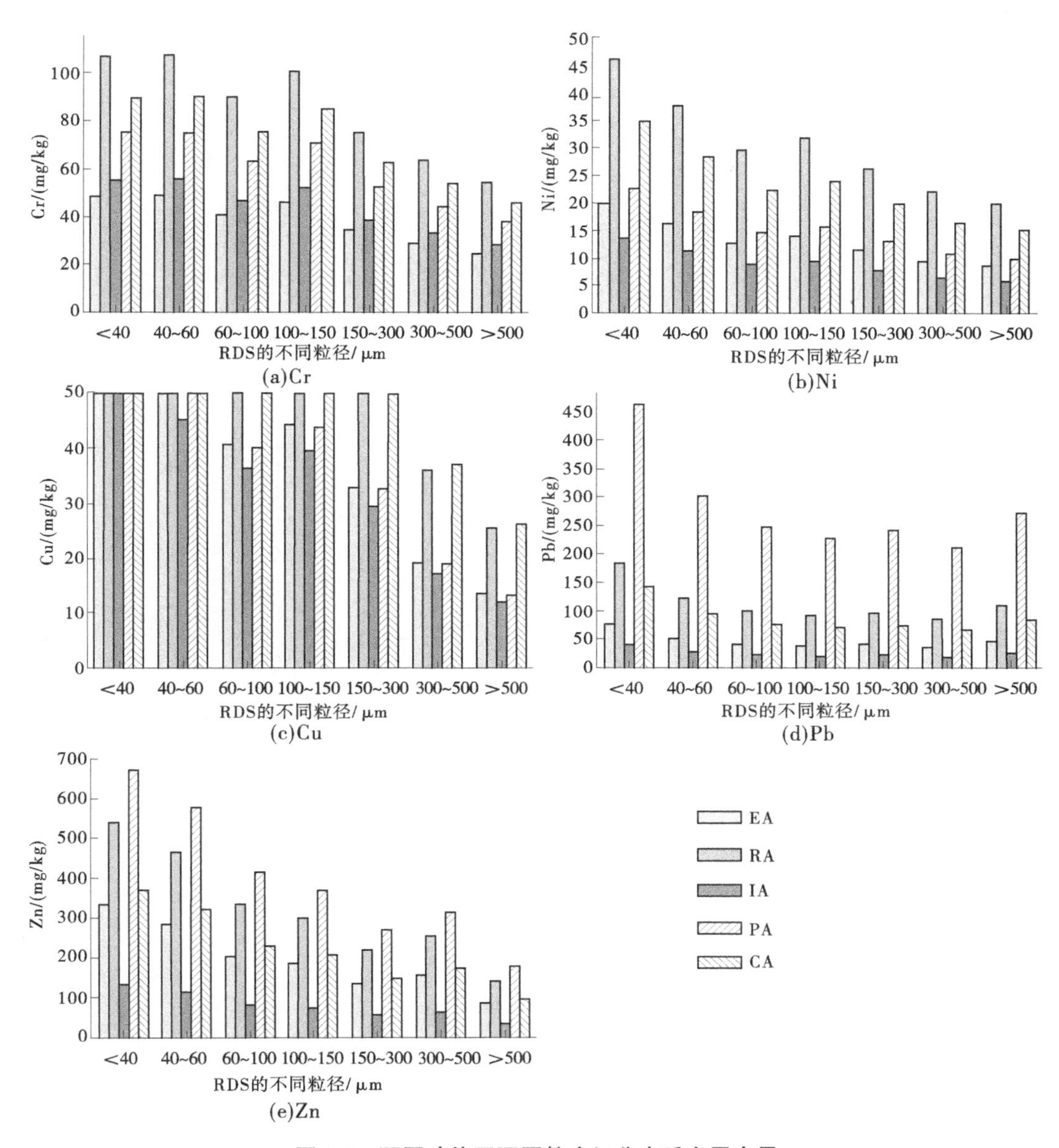

图 6-2　不同功能区不同粒度组分中重金属含量

不透水表面冲刷掉的。通过降雨模拟计算出每个粒径组分中有多少 *RDS*(F_w)从不透水表面被冲走。在 3 个不同的单位面积 RDS 质量水平上,发现了这些百分比(见表 6-4)。在这种情况下,F_w 与地表特定空间密度下的降雨量有关。与粒子的空间密度无关。由于 RDS 的体积很小,它很快就被从路面上冲洗掉了。最初的冲刷发生了,小颗粒的冲刷比大颗粒的冲刷更明显。

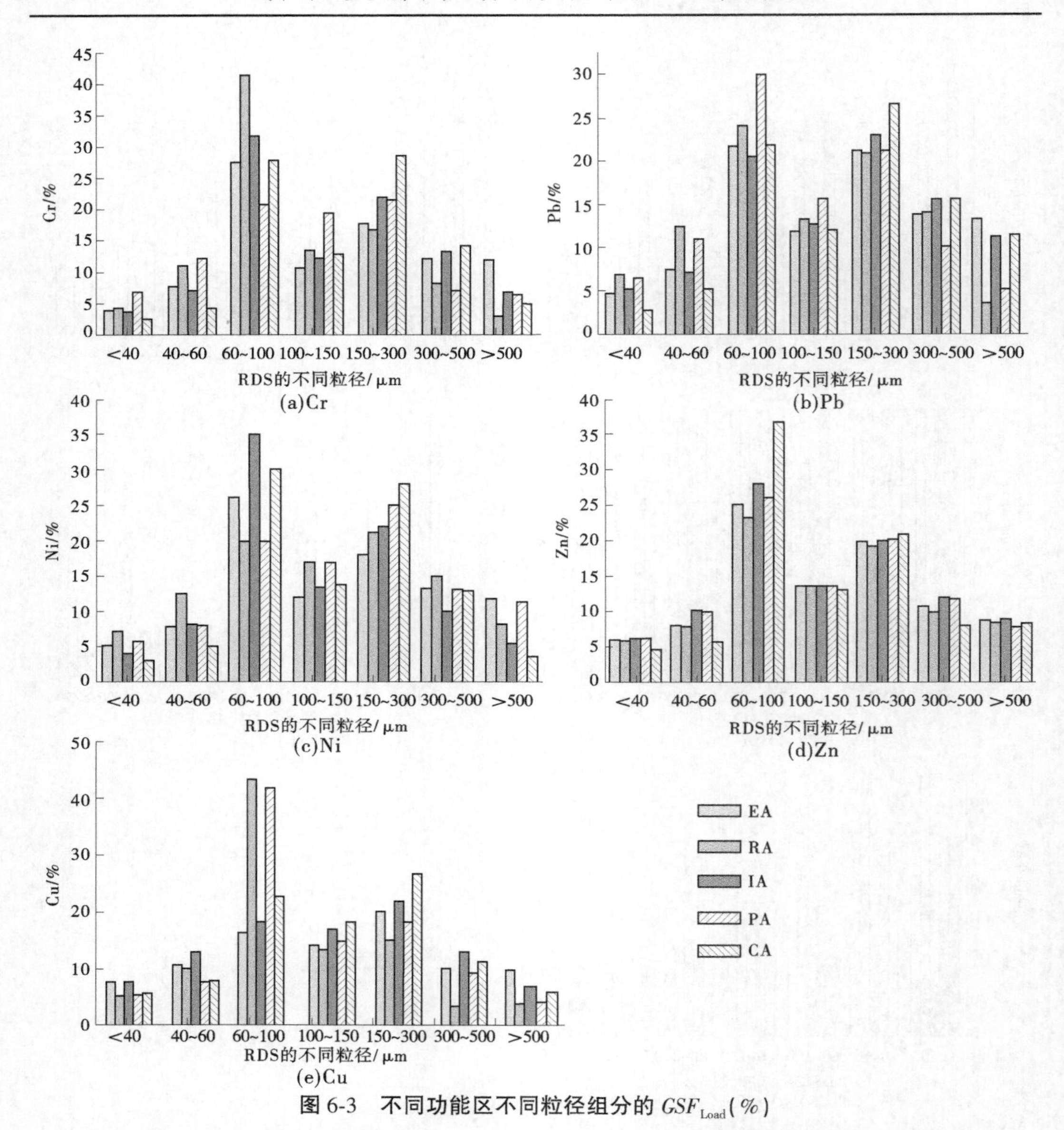

图 6-3　不同功能区不同粒径组分的 GSF_{Load}(%)

表 6-4　通过降雨模拟研究了不同 RDS 水平下 RDS 对不同粒径颗粒的冲刷作用

RDS 质量/(g/m²)	降雨强度/(mm/h)	降雨历时/min	RDS 粒度分数/μm						
			<40	40~60	60~100	100~150	150~300	300~500	>500
10	10.0	0~60	17.16	9.87	4.26	3.98	2.84	1.35	0.99
10	46.8	0~60	42.71	28.51	24.59	6.13	4.55	2.58	2.32
20	53.0	0~60	52.65	39.94	29.06	7.86	7.08	4.09	3.46
20	70.4	0~60	54.68	46.82	46.74	16.61	9.25	5.39	4.12
50	77.2	0~60	65.59	70.45	53.01	31.89	10.40	5.55	4.79
50	120.3	0~60	77.21	63.80	43.54	39.84	16.39	6.15	3.98

使用RDS清洗不透水的表面；图6-4描述了去除RDS对地表径流污染的可能贡献。Cr、Ni（10~120.3 mm/h）和Zn、Pb（10~53 mm/h）单位不透水面可能污染贡献面积分别为CA>IA>EA>RA>PA，CA>IA>RA>EA>PA；其次为Cu（10~120.3 mm/h）、Pb和Zn（53~120.3 mm/h）。随着降雨强度的增加，RDS和与之相关的金属在单位面积潜在污染贡献方面的差距越来越大。这可以解释为，较小的粒子比较大的粒子具有更高的迁移率和GSF_{load}。

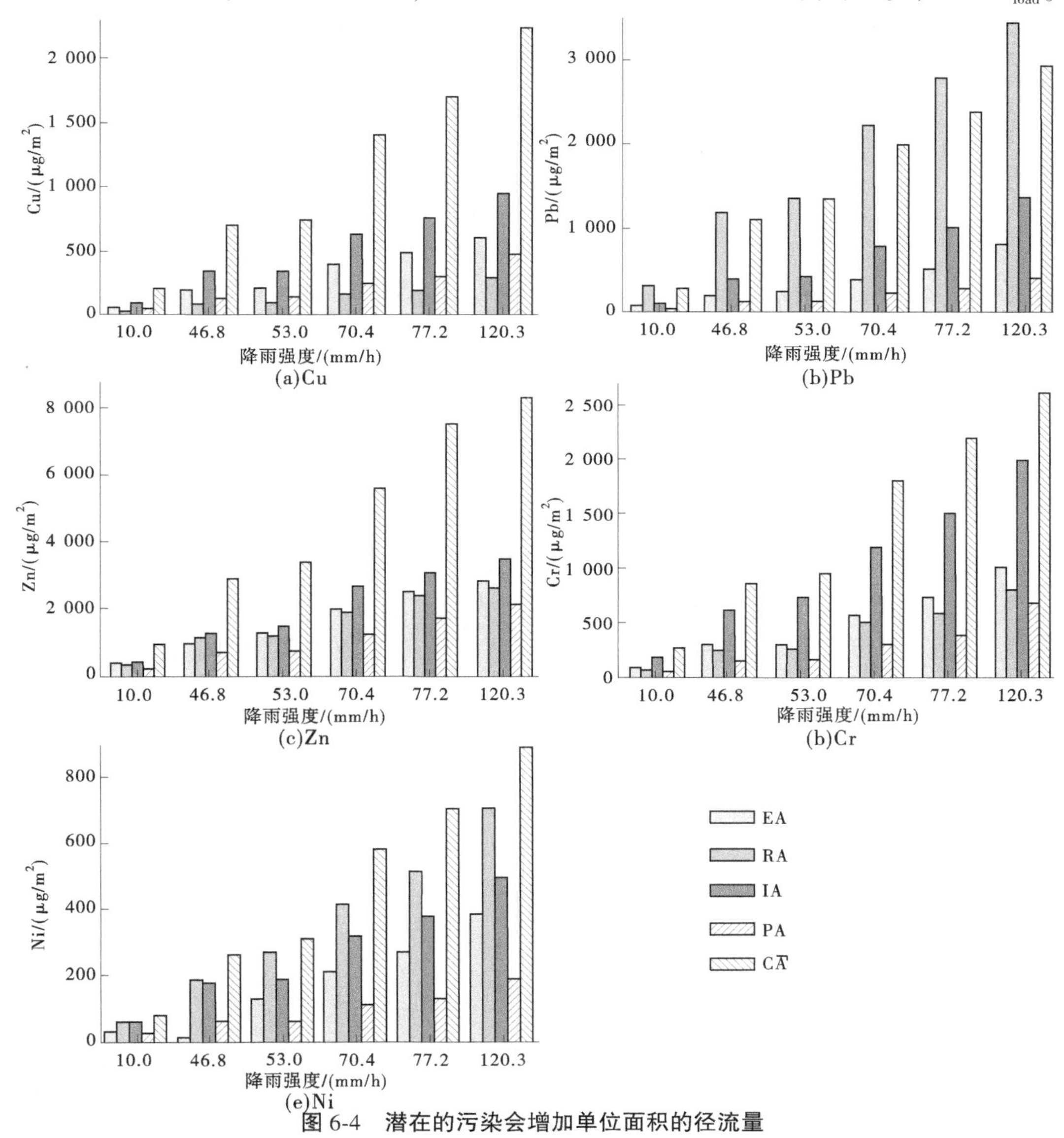

图6-4　潜在的污染会增加单位面积的径流量

降雨强度对不同职能部门单位面积潜在污染物贡献有显著影响。雨越大，贡献越大。相对于EA、IA和CA区域，RA和PA对RDS流域重金属径流污染的潜在贡献高于其他流域。RA和PA中重金属污染较高，是因为RDS中含有更多的小颗粒，其中含有更多的金属，更容易被径流冲刷掉。

6.8.4 道路沉积物(RDS)指数的来源和运输因子

本书使用的RDS指标中的Source元素包括不同粒径RDS颗粒的数量和分布,以及与RDS颗粒分布相关的金属的存在。在城市中,我们探索了5个不同的功能区(EA、RA、PA、IA和CA)作为源因子。各功能区RDS的单位面积质量差异显著,RA(25.1 g/m^2)和PA(23.2 g/m^2)的单位面积质量最低,EA(55.2 g/m^2)的单位面积质量中等,CA(138.7 g/m^2)和IA(185.5 g/m^2)的单位面积质量最高(见图6-5)。

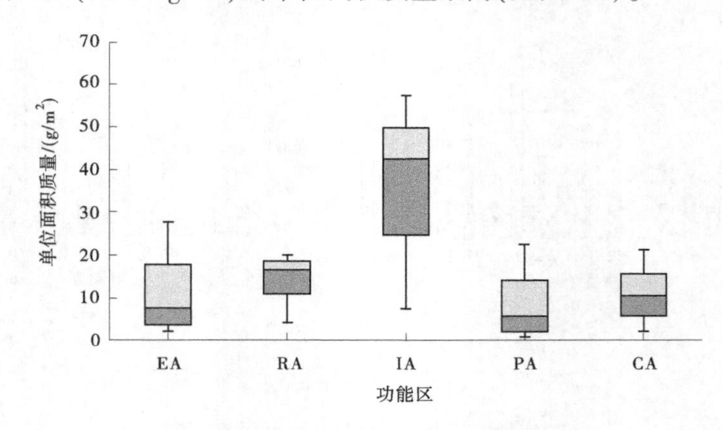

图6-5 功能区中RDS数量的方框图

不同功能位置的RDS粒径分布存在显著差异(见图6-6)。我们的现场检查显示,IA和CA有大量裸露的土壤或开裂和粗糙的路面,表明它们受到污染。虽然在IA和CA经常使用扫帚扫街道,但在大都市地区则使用电动扫地车,因为电动扫地车清除RDS的效率更高。

选择本书中调查的运输因子主要是因为它们能够改变地表径流,而地表径流又会影响RDS指数。RDS指数中的输运变量用各RDS粒径冲刷表面的比例(F_{wi})和F_{wi}表示,观测值为0.99%~77.21%。利用F_{wi}(观测值),通过改变RDS中的数量和粒径组成,以对应于采样区域中的数量和粒径组成,确定每个RDS粒径组分的洗净量。图6-7说明了沿着功能区域的RDS冲刷量。降雨强度的增加而增加了单位面积上被冲刷掉的颗粒数量,但冲刷掉的颗粒占RDS的百分比在所有功能区都减少了。

6.8.5 污染物负荷的RDS指数

污染物负荷RDS指数以一种新颖的方式估算了大规模城市径流的污染物负荷。结合RDS迁移率、含量和相关金属以及各功能区域,建立污染物负荷的RDS指数。采用1 h的模拟降雨,人工采集地表径流样本,直至不再发生径流。在29.9~910 kg的RDS指数范围内,6种降雨强度的负荷值依次为IA>RA>CA>PA>EA(见表6-5)。根据本书对RDS特征(每个区域的RDS量、其流动性和金属浓度)的分析,可以确定哪些区域由于地表径流而具有最大的污染潜力。城市径流挟带的污染量随着降雨强度的增加而增加,表明在较大降雨事件中应特别考虑RDS径流产生的分散污染。

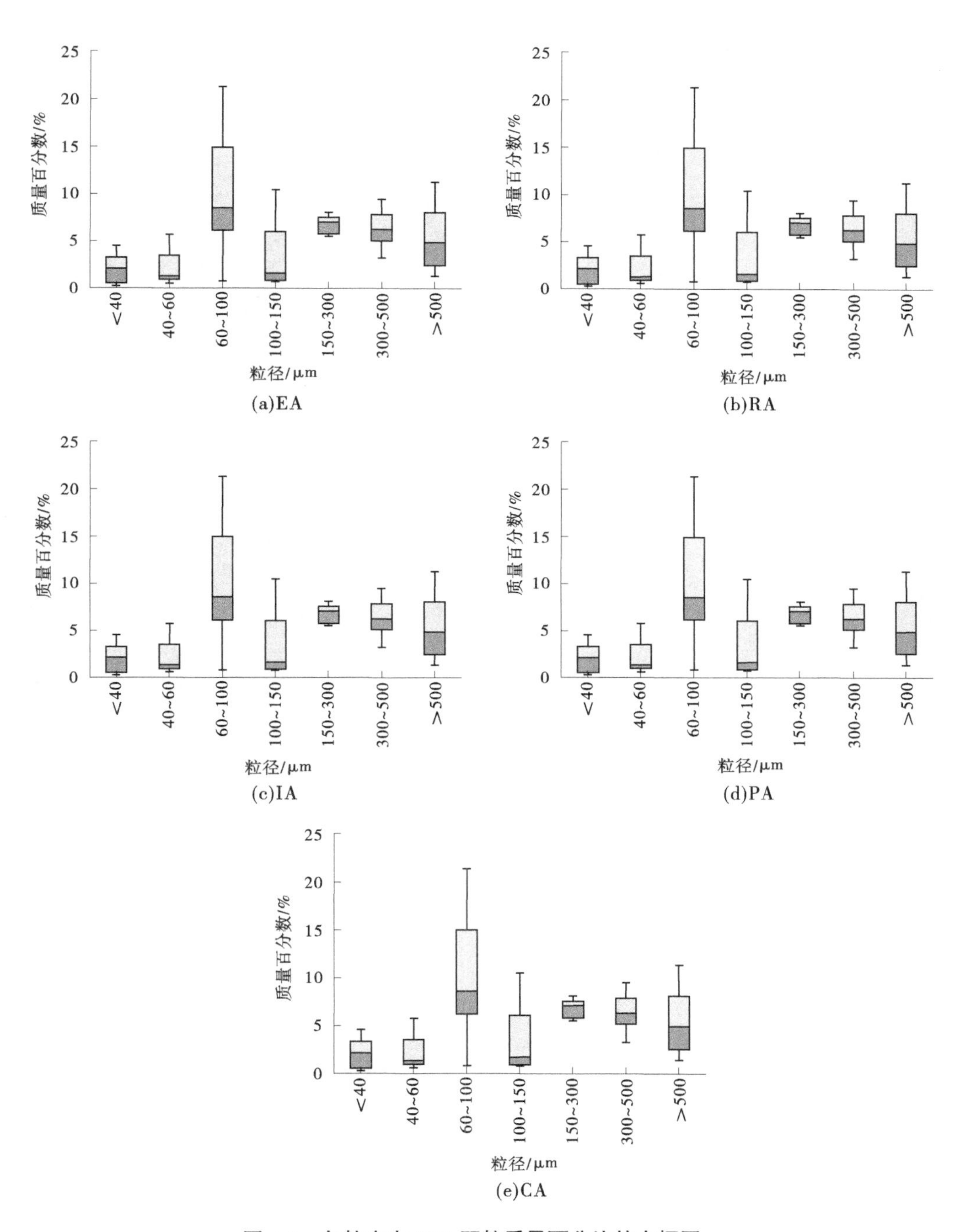

图 6-6　各粒度中 RDS 颗粒质量百分比的方框图

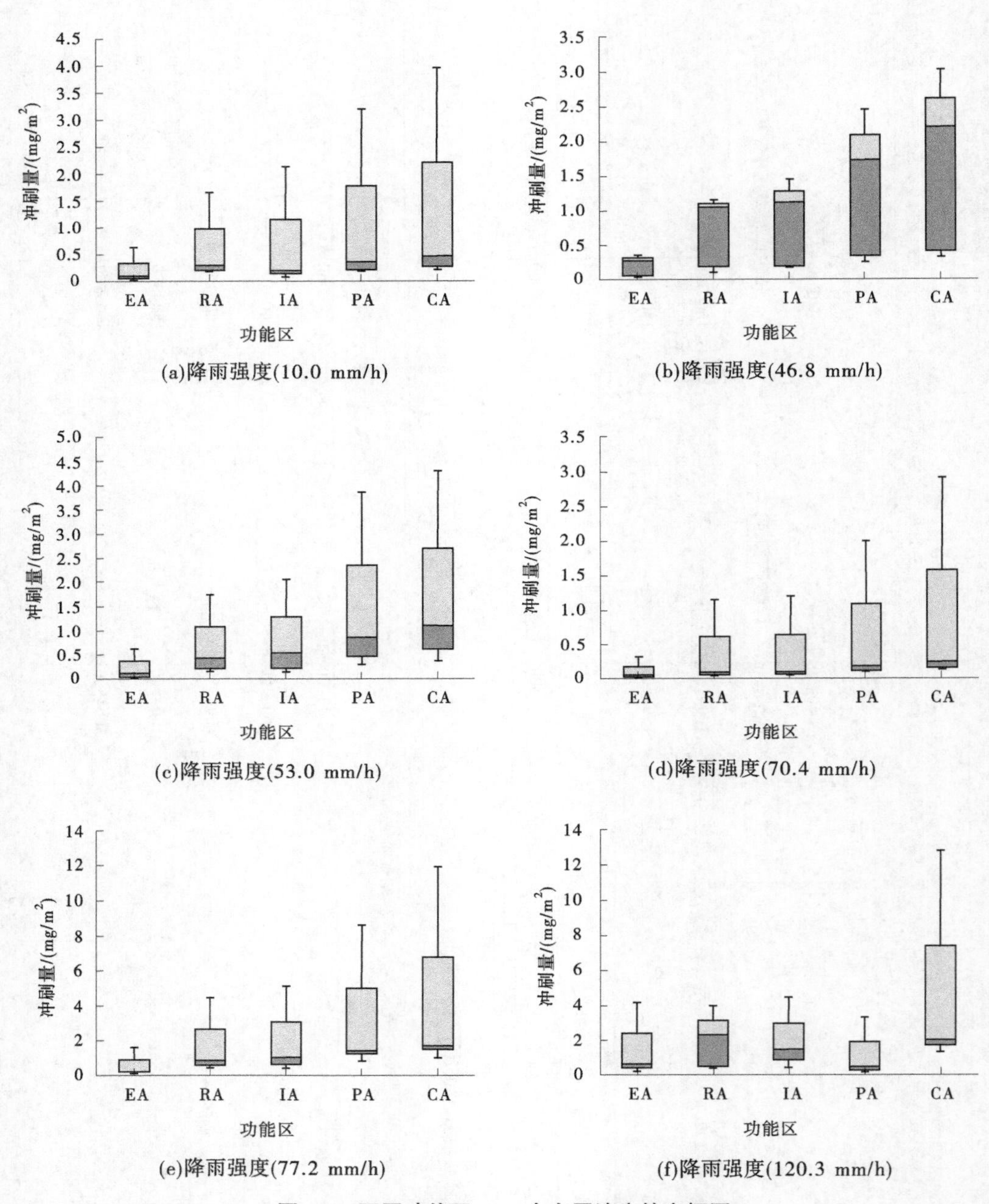

图 6-7　不同功能区 RDS 中金属浓度的方框图

表 6-5 所有功能区重金属的综合负荷

功能区	降雨强度/(mm/h)					
	10.0	46.8	53.0	70.4	77.2	120.3
EA	29.9	107.0	119.2	190.3	247.1	300.1
RA	51.2	200.1	189.6	335.9	434.1	609.3
IA	98.3	372.0	402.1	701.3	790.7	910.0
PA	41.3	140.2	162.3	268.5	322.9	367.5
CA	50.3	250.3	333.9	389.1	403.2	578.0

6.8.6 污染物强度 RDS 指标

新的大规模城市径流污染物强度 RDS 指标与污染物负荷 RDS 指标类似。污染物强度 RDS 指标将 RDS 迁移率、数量、晶粒尺寸分布、相关金属浓度和金属的细胞毒性纳入一个单一的污染物强度测量。$RDS_{指数,强度}$(见图 6-8)值依次为 IA> CA> PA>RA>EA。RDS 指标的顺序、强度比 $F_{源,强度}$略有差异。在建立 RDS 指标的顺序时,强度值、$F_{源,强度}$比 $F_{运输,强度}$更相关。换句话说,中位数 RDS 指标,即 IA RDS 中的金属强度值属于相当风险类别,而其他值均为中等风险。我们的发现有助于更好地了解城市水中金属污染物引起的 RDS 的危险。

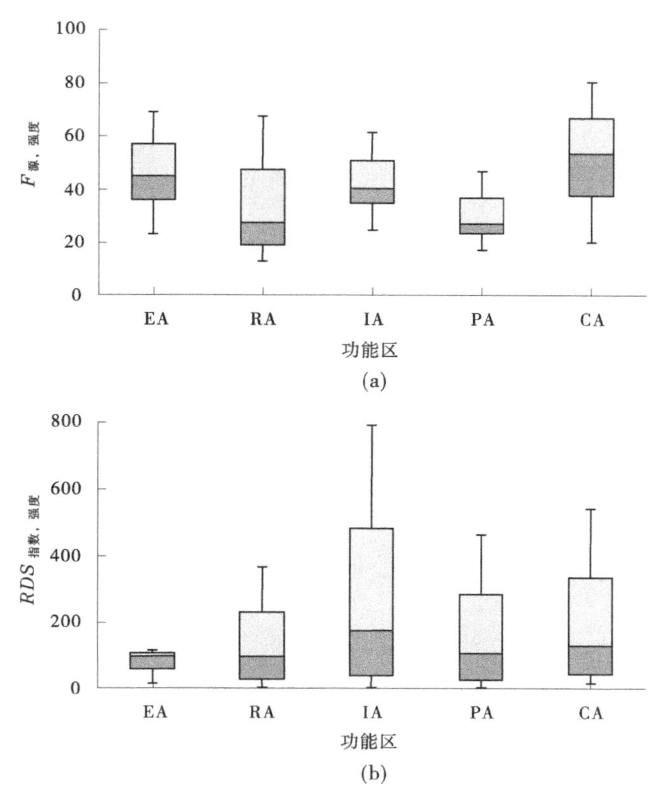

图 6-8 污染强度源因子与 RDS 指标的方框图

6.9 小 结

基于不同的街尘粒径,通过降雨-冲刷的重金属指数模型估算了郑州市大气干湿沉降重金属对城市不同功能区地表径流的潜在污染负荷。与 EA、IA 和 CA 相比,RA 和 PA 对 RDS 重金属径流污染的潜在贡献高于其他区域。在不同的土地利用区,污染物负荷和污染物强度的 RDS 指标差异很大,$RDS_{指数,强度}$值增加。$RDS_{指数,负载}$下降顺序为 IA > RA > PA > EA。由于 RDS 指标包含 RDS 特征,如 RDS 的数量、存在的晶粒尺寸、RDS 迁移率和相关金属等,因此强度结果不仅仅与发现的 RDS 量或金属浓度的变化相匹配各土地利用区域的 RDS。

附　录

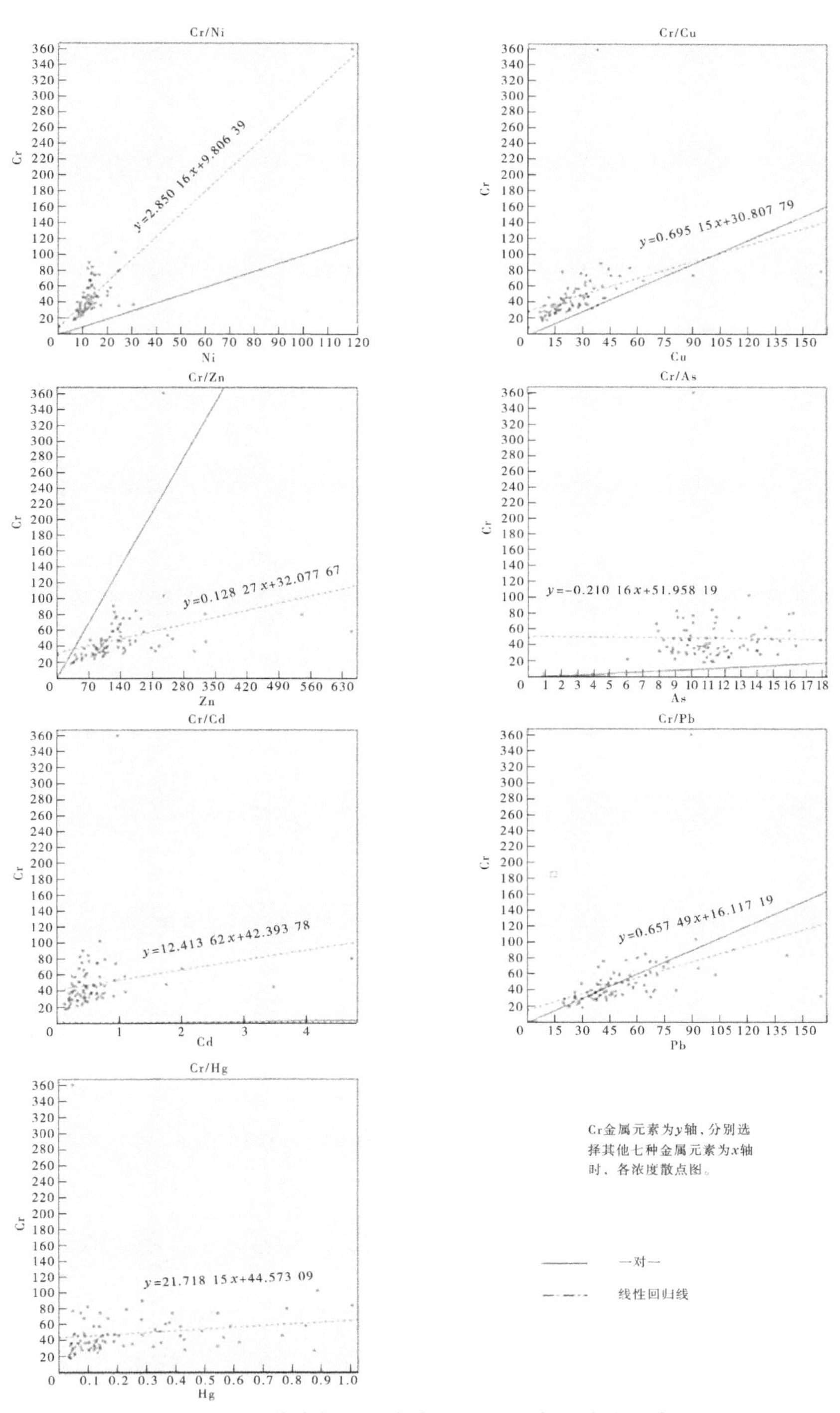

附图 A1　道路灰尘样本中重金属元素间浓度散点图

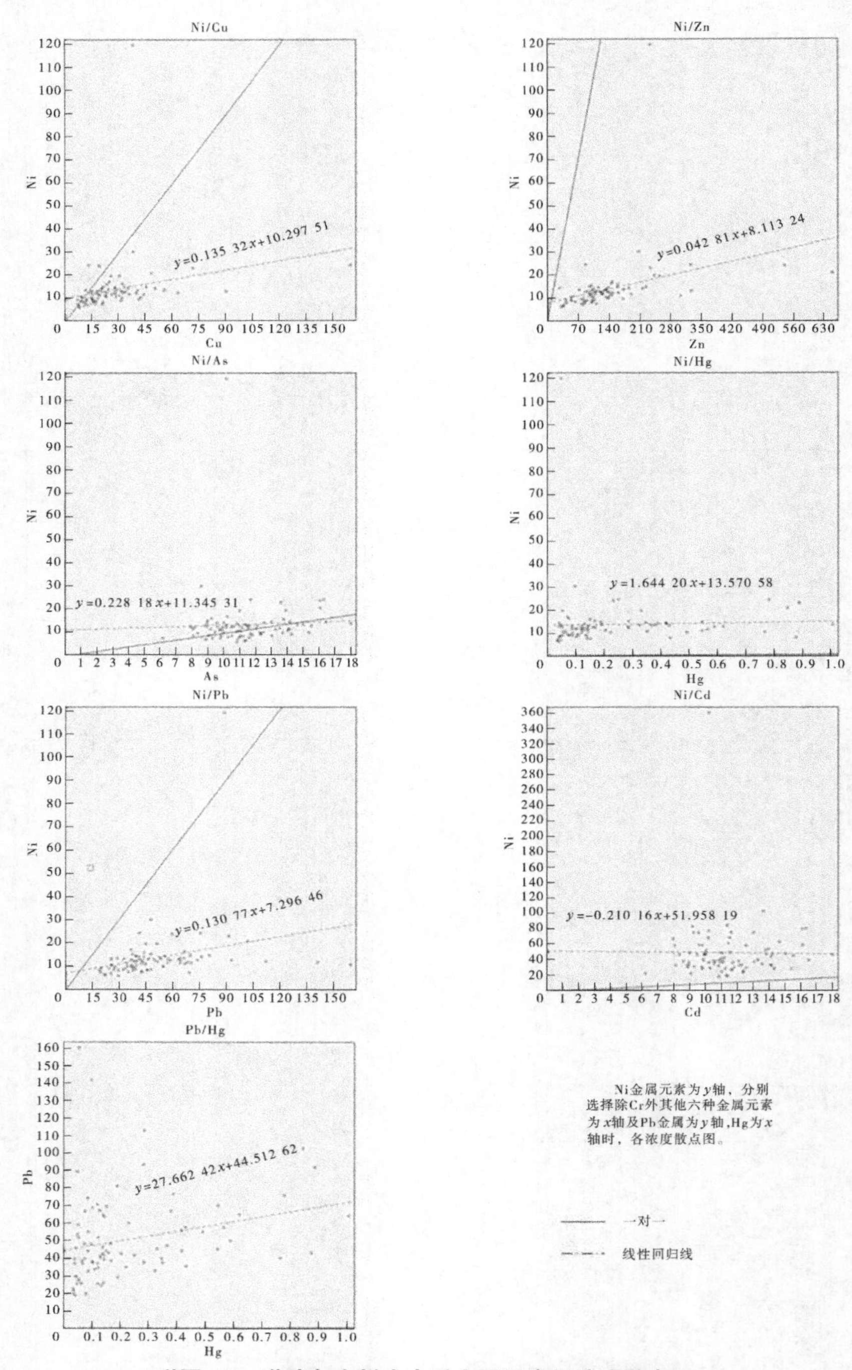

附图 A2　道路灰尘样本中重金属元素间浓度散点图

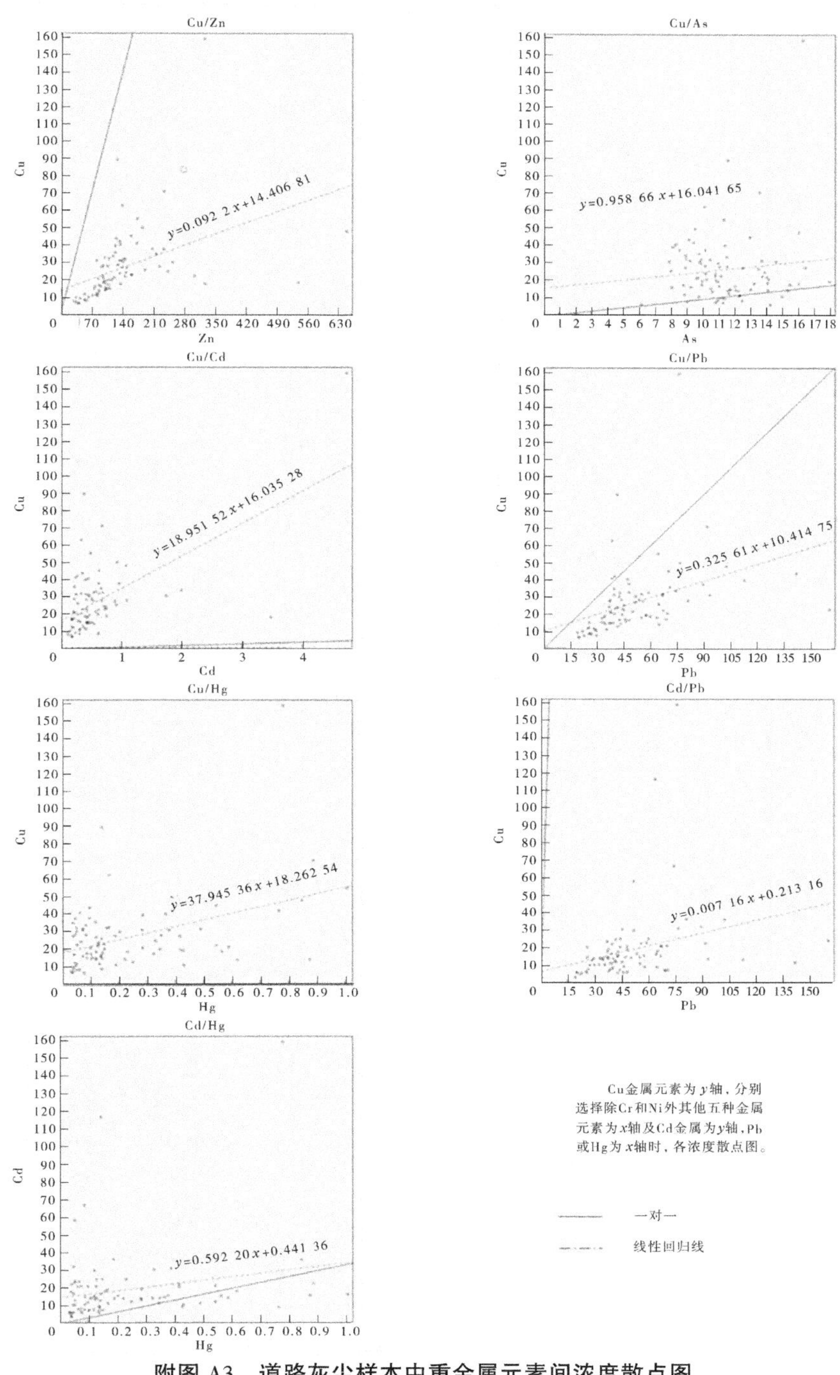

附图 A3　道路灰尘样本中重金属元素间浓度散点图

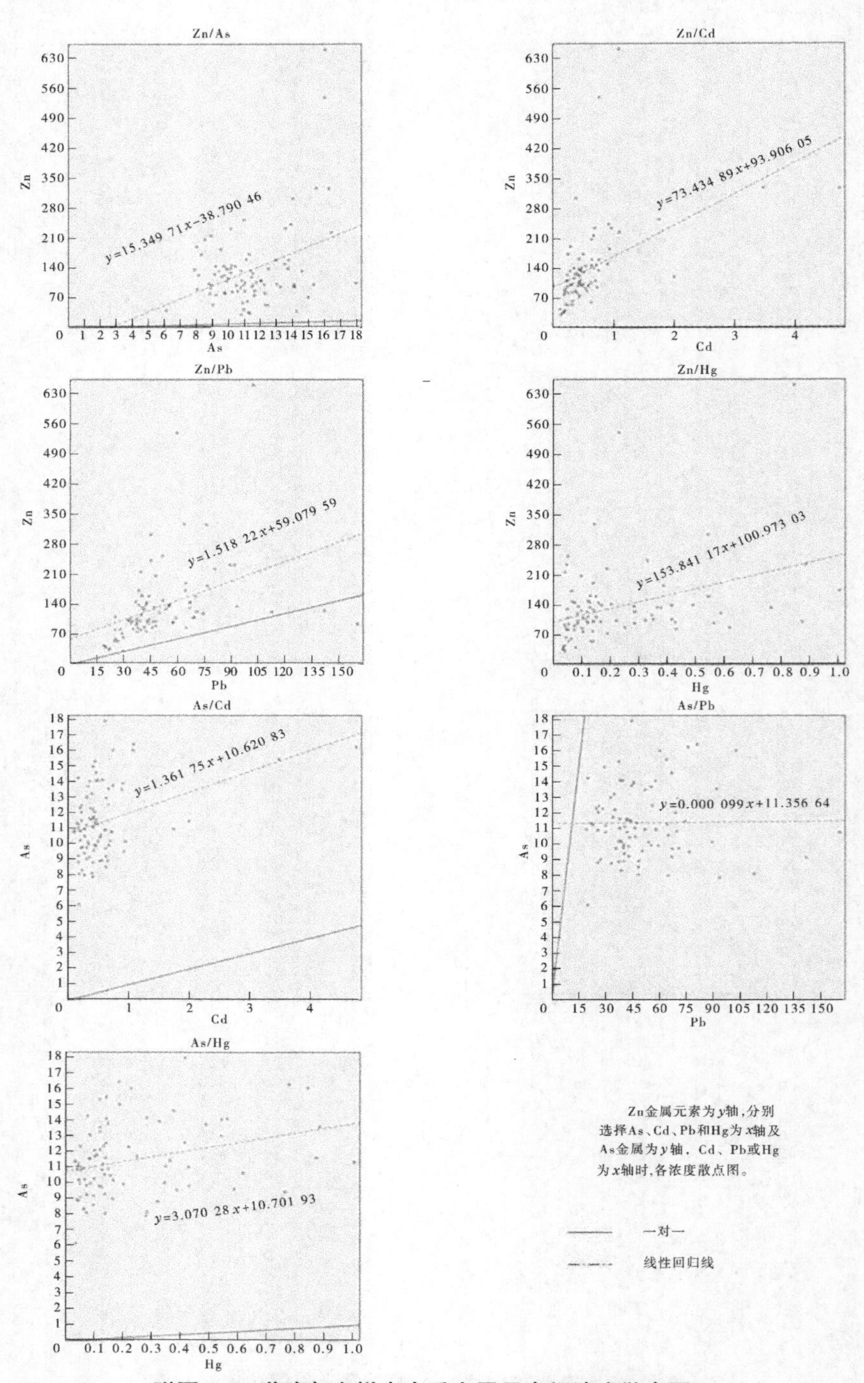

附图 A4　道路灰尘样本中重金属元素间浓度散点图

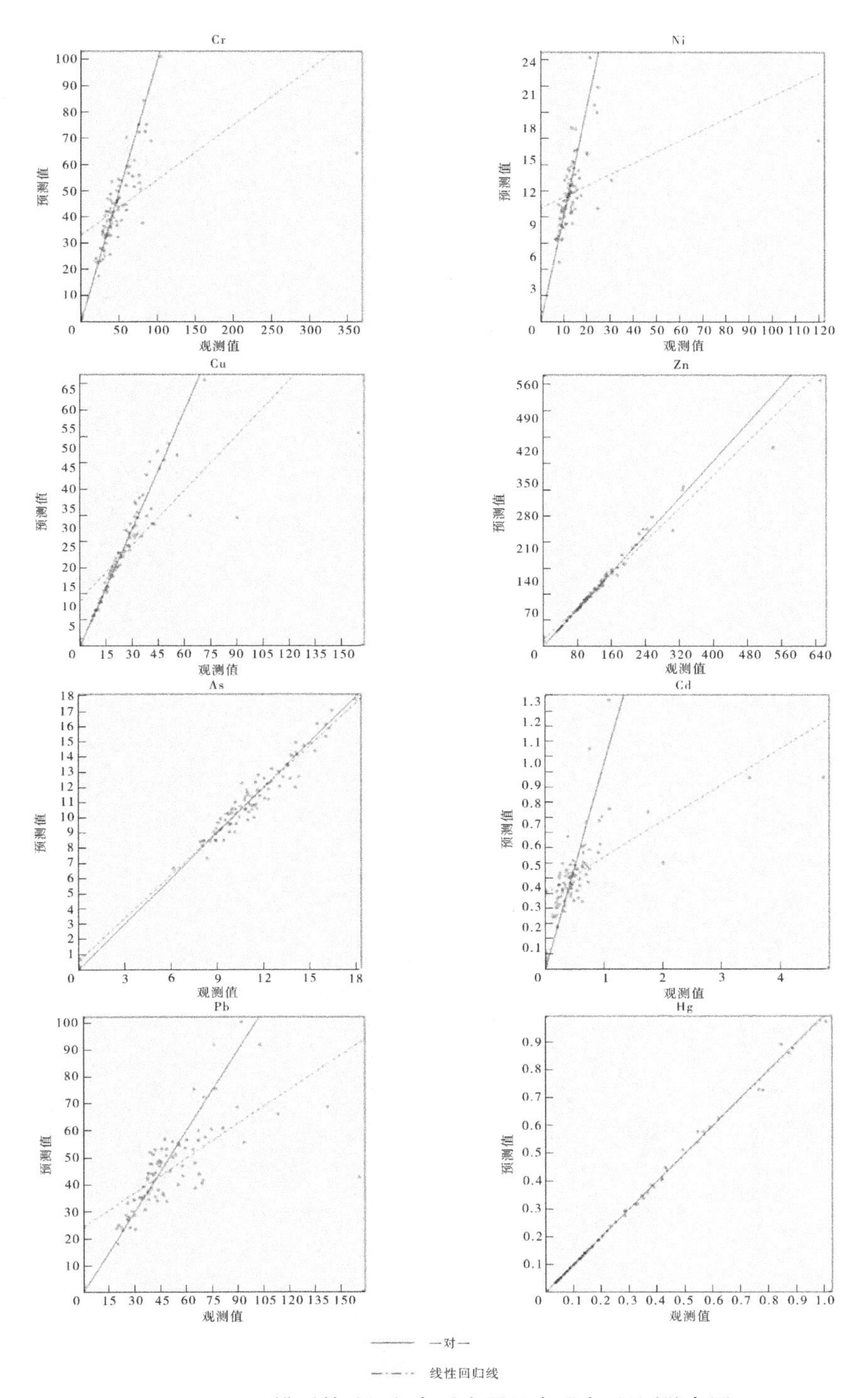

附图 A5 PMF 模型基础运行各重金属元素观察/预测散点图

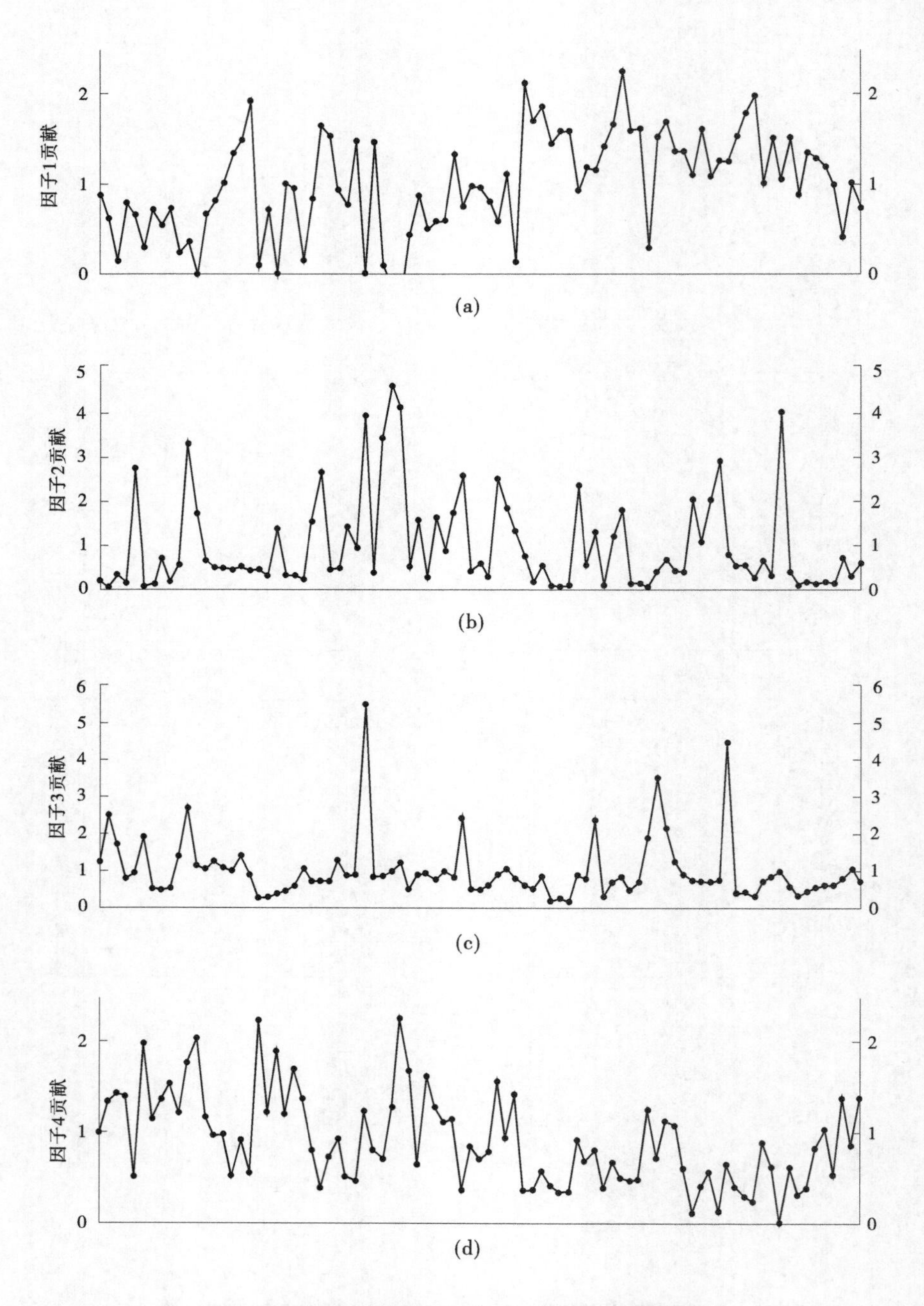

附图 A6　每个因子对样品总质量的贡献图

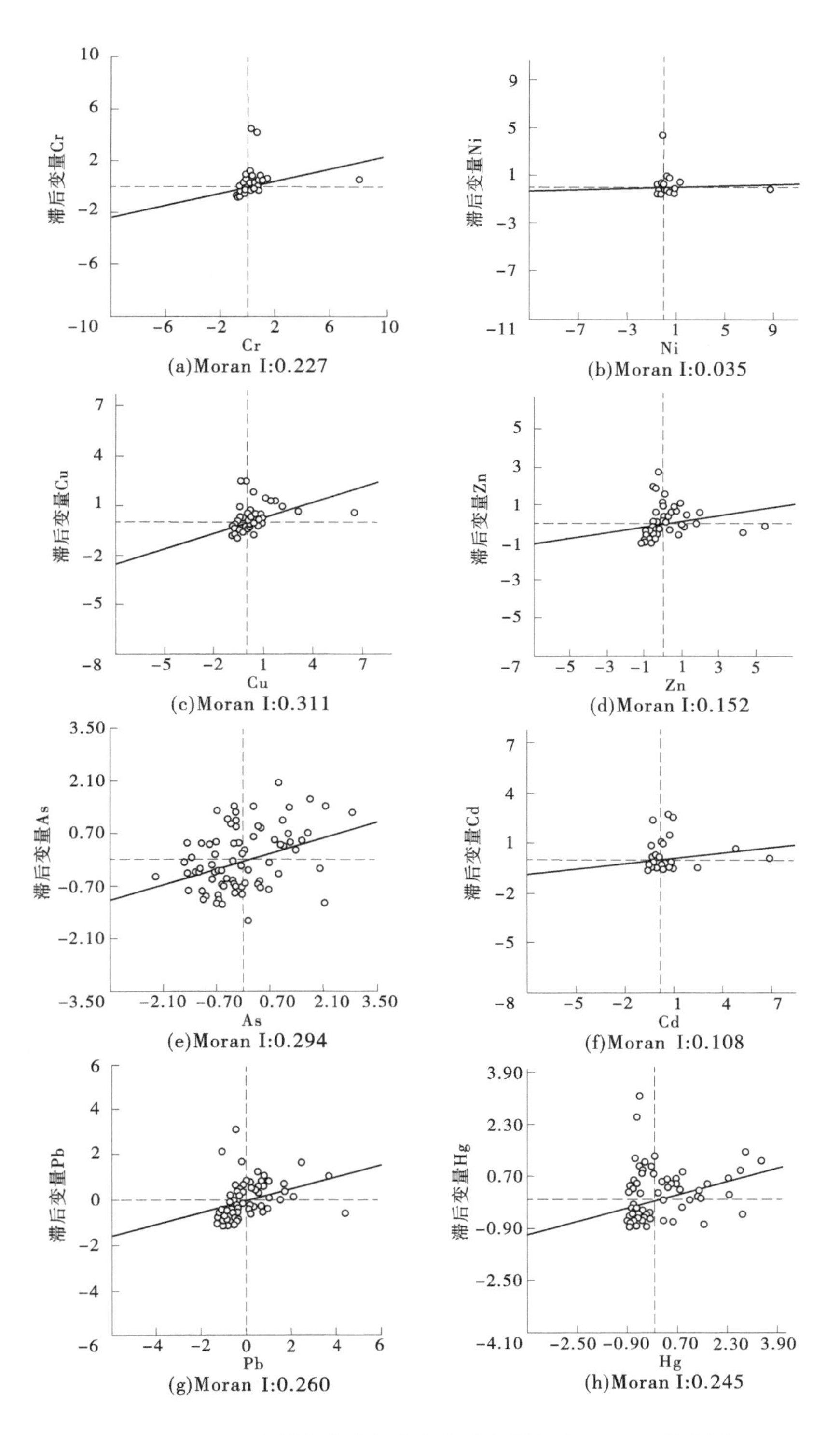

附图 A7 郑州市道路灰尘中各重金属元素 Moran I 散点图

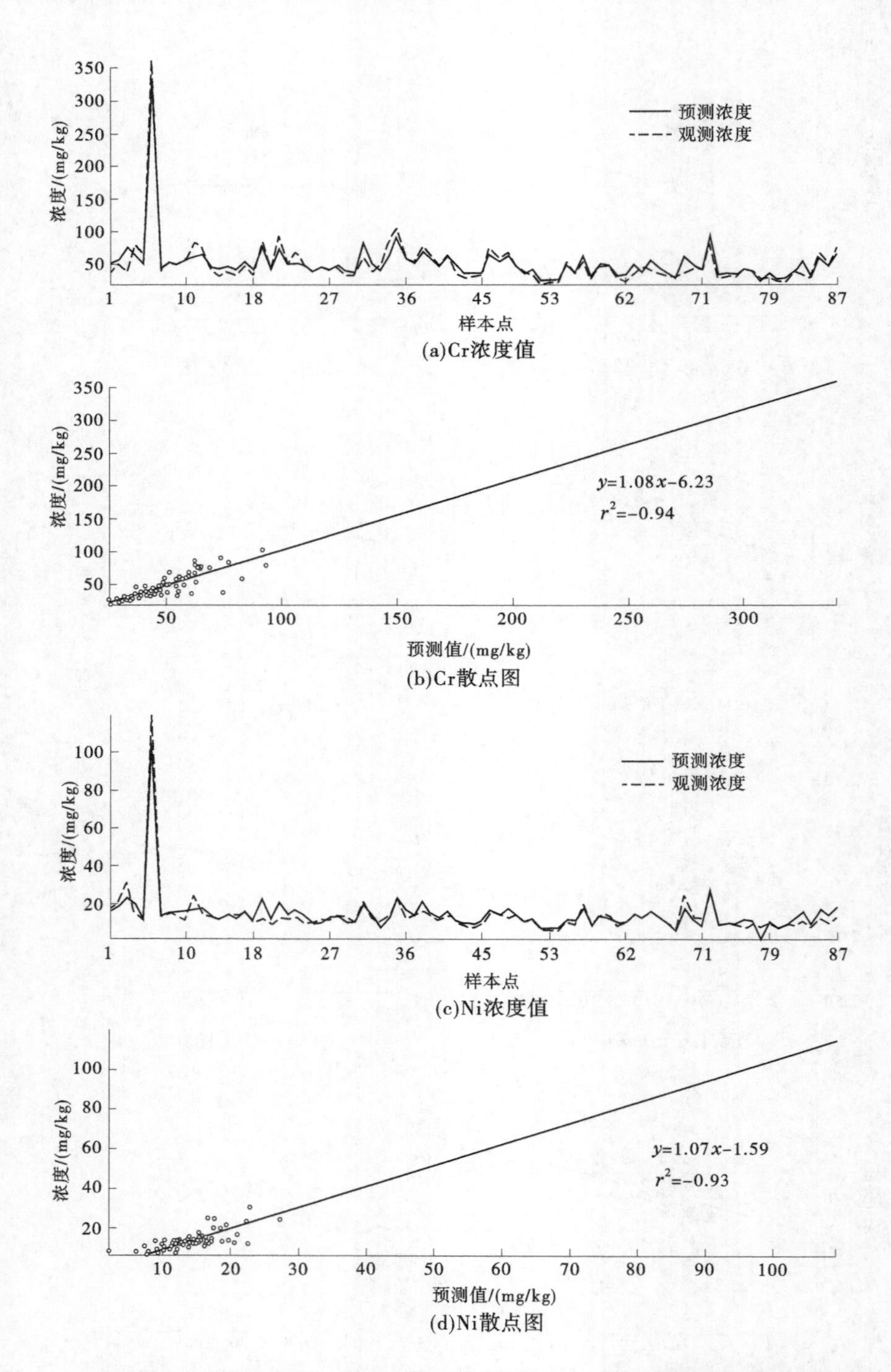

(a)Cr浓度值

(b)Cr散点图

(c)Ni浓度值

(d)Ni散点图

附图 A8　各样本点中 Cr 和 Ni 元素浓度值与 Unmix 模型预测值及相关散点图

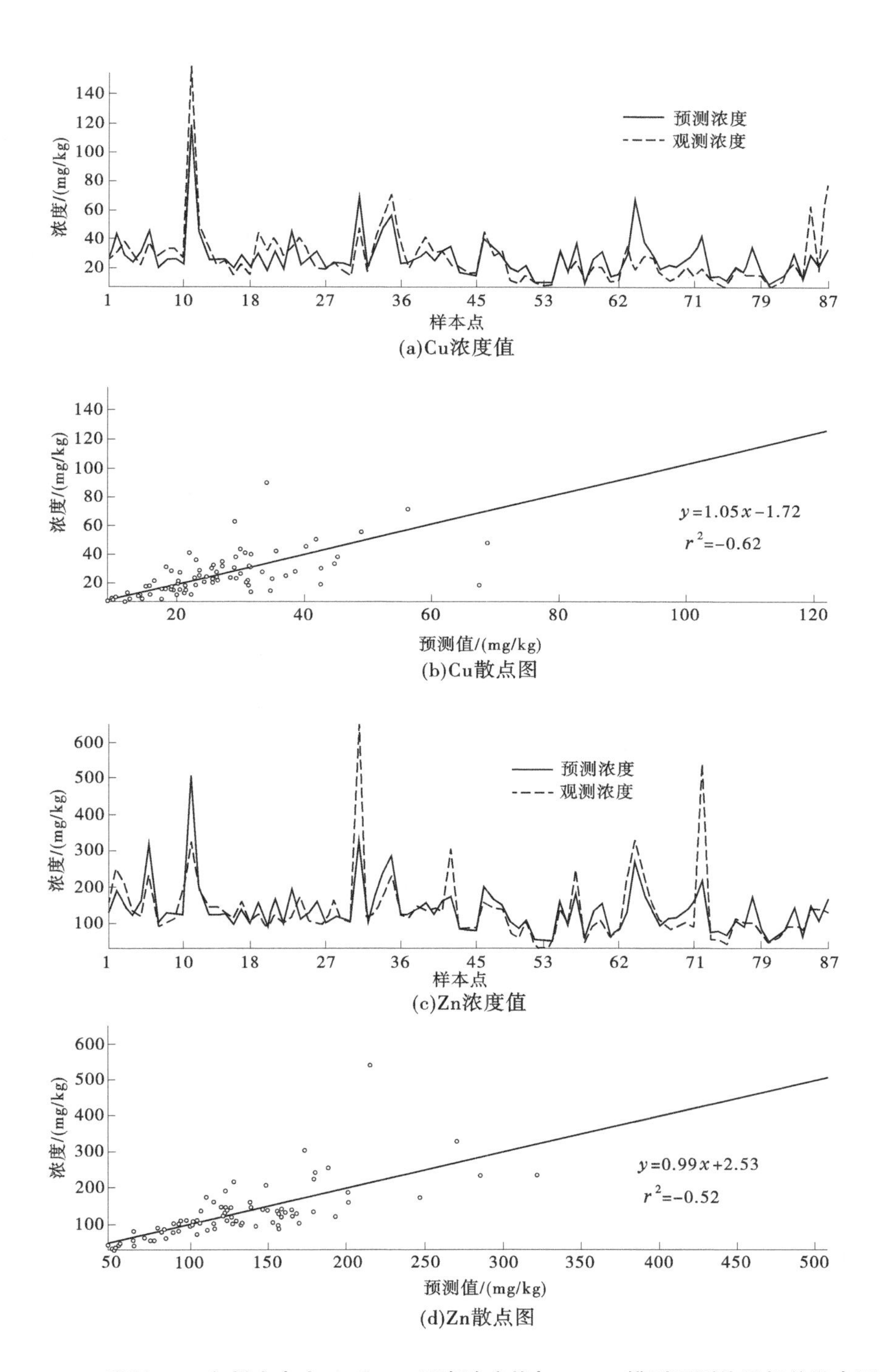

(a)Cu浓度值

(b)Cu散点图

(c)Zn浓度值

(d)Zn散点图

附图 A9　各样本点中 Cu 和 Zn 元素浓度值与 Unmix 模型预测值及相关散点图

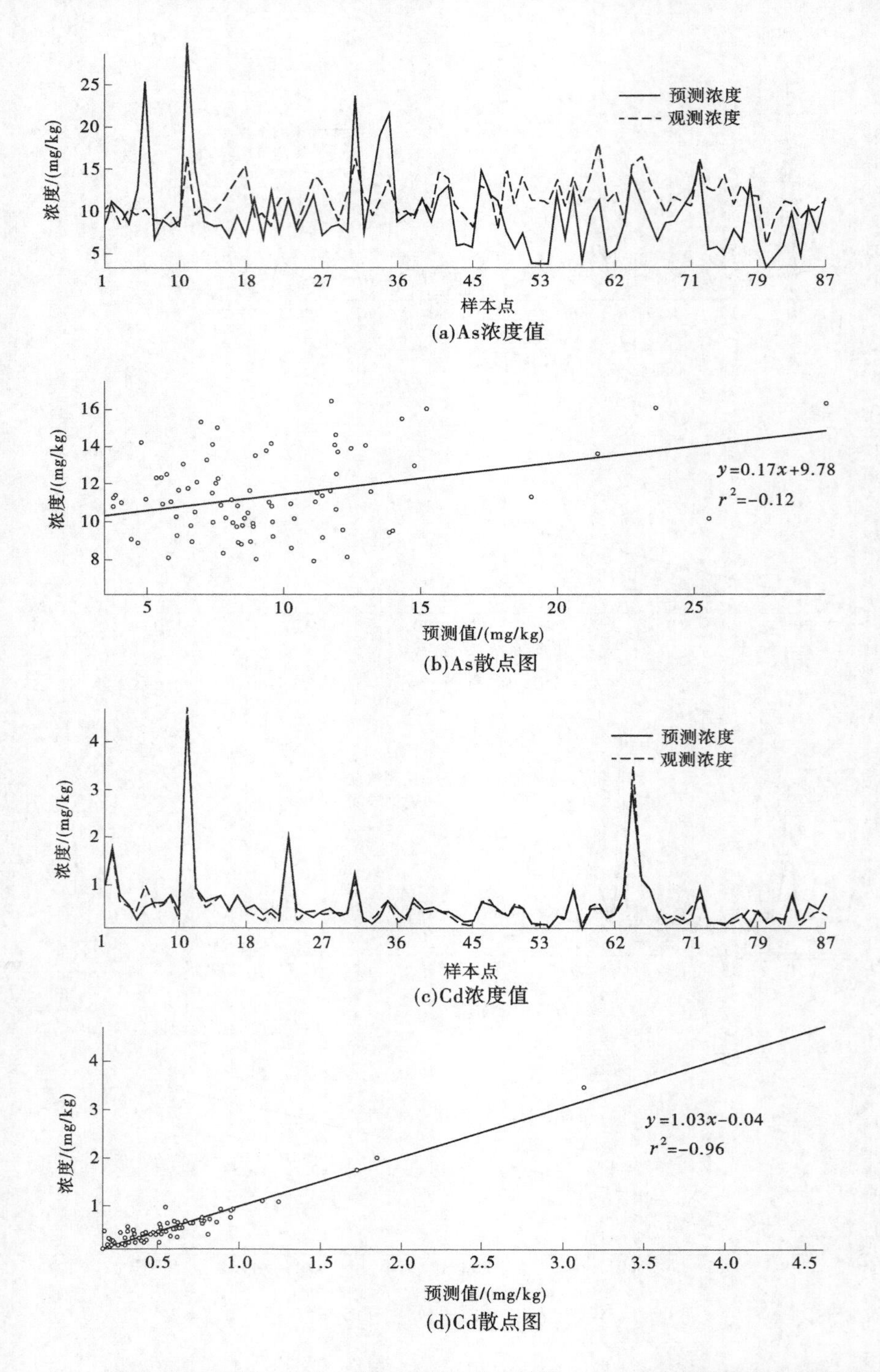

附图 A10　各样本点中 As 和 Cd 元素浓度值与 Unmix 模型预测值及相关散点图

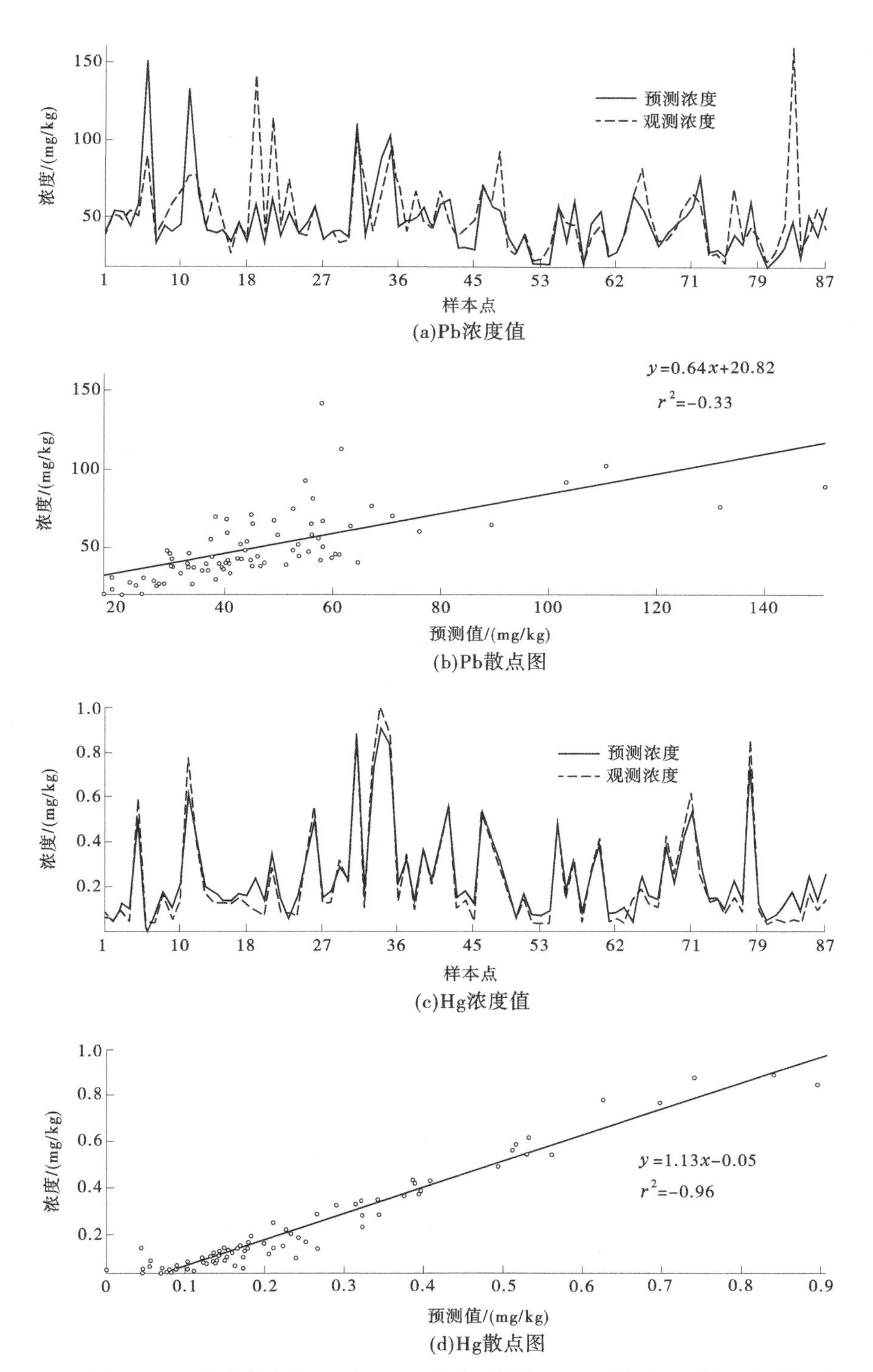

(a)Pb浓度值

(b)Pb散点图

(c)Hg浓度值

(d)Hg散点图

附图 A11　各样本点中 Pb 和 Hg 元素浓度值与 Unmix 模型预测值及相关散点图

附表 A1 道路灰尘中不同重金属的多元线性回归参数

因变量		B	标准误差	β	t 值
	常数	15.157	3.090		4.904
	APCS1	14.380		0.942	14.263
Cr	APCS2	2.073	1.008	0.136	2.056
	APCS3	2.806		0.184	2.783
	$R=0.969$；$R^2=0.939$；调整后 $R^2=0.926$；$F=71.804^*$				
	常数	9.007	1.285		7.006
	APCS1	0.600		0.105	1.430
Ni	APCS2	0.116	0.419	0.020	0.278
	APCS3	5.448		0.955	12.992
	$R=0.961$；$R^2=0.924$；调整后 $R^2=0.908$；$F=56.969$ *				
	常数	−39.137	12.420		−3.151
	APCS1	19.128		0.591	4.721
Cu	APCS2	13.088	4.052	0.405	3.230
	APCS3	16.713		0.517	4.125
	$R=0.883$；$R^2=0.780$；调整后 $R^2=0.733$；$F=16.581^*$				
	常数	−0.480	34.456		−0.014
	APCS1	22.519		0.281	2.003
Zn	APCS2	38.544	11.240	0.481	3.429
	APCS3	51.573		0.644	4.588
	$R=0.851$；$R^2=0.725$；调整后 $R^2=0.666$；$F=12.275^*$				
	常数	5.436	0.383		14.183
	APCS1	0.284		0.125	2.270
As	APCS2	2.200	0.125	0.970	17.596
	APCS3	0.027		0.012	0.218
	$R=0.978$；$R^2=0.957$；调整后 $R^2=0.948$；$F=104.935^*$				
	常数	−2.284	0.259		−8.817
	APCS1	0.487		0.395	5.758
Cd	APCS2	0.968	0.085	0.786	11.454
	APCS3	0.492		0.400	5.824
	$R=0.966$；$R^2=0.934$；调整后 $R^2=0.920$；$F=66.086^*$				
	常数	19.147	5.667		3.379
	APCS1	14.375		0.887	7.776
Pb	APCS2	2.605	1.849	0.161	1.409
	APCS3	1.194		0.074	0.646
	$R=0.904$；$R^2=0.818$；调整后 $R^2=0.779$；$F=20.958^*$				
	常数	−0.287	0.080		−3.575
	APCS1	0.119		0.644	4.556
Hg	APCS2	0.087	0.026	0.473	3.342
	APCS3	0.053		0.285	2.013
	$R=0.848$；$R^2=0.720$；调整后 $R^2=0.660$；$F=11.993^*$				

注：* 表明 $p<0.05$。

附表 A2 高层灰尘中不同重金属的多元线性回归参数

因变量		B	标准误差	β	t 值
Cr	常数	−6.531	5.512		−1.185
	APCS1	11.040		0.638 5	8.795
	APCS2	10.003	1.255	0.621	7.969
	APCS3	3.977		0.247	3.168
	$R=0.957$；$R^2=0.915$；调整后 $R^2=0.897$；$F=50.297^*$				
Ni	常数	2.994	2.285		1.310
	APCS1	4.224		0.833	8.117
	APCS2	1.952	0.520	0.385	3.751
	APCS3	−0.505		−0.100	−0.969
	$R=0.923$；$R^2=0.852$；调整后 $R^2=0.821$；$F=26.968^*$				
Cu	常数	−19.497	8.243		−2.365
	APCS1	5.566		0.390	2.965
	APCS2	11.040	1.877	0.774	5.882
	APCS3	1.075		0.075	0.573
	$R=0.870$；$R^2=0.757$；调整后 $R^2=0.705$；$F=14.573^*$				
Zn	常数	−421.586	163.188		−2.583
	APCS1	138.513		0.426	3.727
	APCS2	109.799	37.161	0.338	2.955
	APCS3	234.925		0.722	6.322
	$R=0.904$；$R^2=0.817$；调整后 $R^2=0.778$；$F=20.862^*$				
As	常数	3.805	1.100		3.459
	APCS1	0.098		1.100	0.391
	APCS2	2.446	0.250	0.250	9.764
	APCS3	0.210		0.250	0.840
	$R=0.934$；$R^2=0.873$；调整后 $R^2=0.846$；$F=32.067^*$				
Cd	常数	0.477	0.266		1.792
	APCS1	0.660		0.937	10.890
	APCS2	−0.021	0.061	−0.030	−0.343
	APCS3	−0.095		−0.135	−1.566
	$R=0.947$；$R^2=0.896$；调整后 $R^2=0.874$；$F=40.387^*$				
Pb	常数	14.828	8.989		1.650
	APCS1	17.986		0.868	8.787
	APCS2	6.771	2.047	0.327	3.308
	APCS3	1.348		0.065	0.659
	$R=0.929$；$R^2=0.864$；调整后 $R^2=0.834$；$F=29.527^*$				
Hg	常数	0.253	0.093		2.733
	APCS1	−0.063		−0.328	−2.976
	APCS2	−0.005	0.021	−0.027	−0.244
	APCS3	0.162		0.849	7.701
	$R=0.911$；$R^2=0.830$；调整后 $R^2=0.793$；$F=22.738^*$				

注： * 表明 $p<0.05$。

附表 A3 各金属元素对每个污染源因子贡献的浓度值 %

因子数	Cr	Ni	Cu	Zn	As	Cd	Pb	Hg
因子 1	16.6	26.8	0	0	49.9	20.4	16.0	3.7
因子 2	18.0	9.9	18.1	4.9	11.1	4.7	16.4	90.4
因子 3	1.3	20.0	2.5	66.1	11.6	38.9	11.3	5.9
因子 4	64.1	43.2	79.3	29.0	27.5	35.9	56.4	0

附表 A4 源组分

项目		Cr	Ni	Cu	Zn	As	Cd	Pb	Hg
源 1	组分	8.512	2.711	9.780	41.244	2.359	0.407	10.821	0.020
	离散程度	4.846	1.432	4.173	15.444	1.092	0.094	5.414	0.025
	组分/(2×离散程度)	0.878	0.946	1.172	1.335	1.080	2.165	0.999	0.400
源 2	组分	16.150	3.368	12.310	61.905	4.743	0.103	22.328	0.219
	离散程度	5.173	1.386	3.425	17.902	1.020	0.045	5.194	0.045
	组分/(2×离散程度)	1.561	1.215	1.797	1.729	2.325	1.144	2.149	2.433
源 3	组分	26.805	8.450	5.296	32.646	2.490	0.088	13.924	0.006
	离散程度	8.670	2.874	2.917	16.590	1.525	0.044	7.488	0.024
	组分/(2×离散程度)	1.546	1.470	0.908	0.984	0.816	1.000	0.930	0.125

附表 A5　Unmix 模型运行源组分不确定性和稳定性因素

参数		Cr	Ni	Cu	Zn	As	Cd	Pb	Hg
源 1	组分	8.512 19	2.710 50	9.780 42	41.244 10	2.359 09	0.406 63	10.821 02	0.020 01
	离散 1	4.602 65	1.420 91	3.979 34	17.153 45	1.159 30	0.095 61	5.179 88	0.022 98
	离散 2	5.041 01	1.511 92	5.129 34	21.612 94	1.221 58	0.099 05	5.411 26	0.021 34
	离散 3	4.858 92	1.442 42	4.832 37	19.971 25	1.187 20	0.101 15	5.292 02	0.021 50
	离散 4	4.852 37	1.442 67	4.656 70	19.238 62	1.199 74	0.104 61	5.545 90	0.022 05
	离散 5	4.931 61	1.473 26	4.605 31	20.299 30	1.224 91	0.103 41	5.975 82	0.023 01
	平均离散	4.857 31	1.458 24	4.640 61	19.655 11	1.198 54	0.100 77	5.480 97	0.022 17
	离散度标准差	0.161 36	0.035 34	0.422 61	1.641 63	0.026 91	0.003 59	0.308 35	0.000 79
	C_V/%	3.32	2.42	9.10	8.35	2.24	3.55	5.62	3.57
源 2	组分	16.150 41	3.368 11	12.309 64	61.904 79	4.742 59	0.102 63	22.327 76	0.218 85
	离散 1	5.059 32	1.378 48	3.229 66	17.309 41	0.991 12	0.048 47	4.714 02	0.043 03
	离散 2	4.989 41	1.403 34	3.047 21	16.973 80	1.000 92	0.049 91	4.779 10	0.039 79
	离散 3	4.921 18	1.405 61	3.076 59	17.062 79	1.057 44	0.049 41	5.033 46	0.040 94
	离散 4	4.969 12	1.403 30	3.107 79	17.438 72	1.101 40	0.050 41	5.286 95	0.042 36
	离散 5	4.911 60	1.364 98	3.149 58	17.829 00	1.108 56	0.050 89	5.333 26	0.043 54
	平均离散	4.970 13	1.391 14	3.122 16	17.322 74	1.051 89	0.049 82	5.029 36	0.041 93
	离散度标准差	0.059 47	0.018 37	0.071 08	0.338 84	0.054 74	0.000 94	0.283 19	0.001 54
	C_V/%	1.19	1.32	2.27	1.95	5.20	1.87	5.63	3.68

续附表 A5

参数		Cr	Ni	Cu	Zn	As	Cd	Pb	Hg
源 3	组分	26.804 97	8.450 09	5.296 08	32.646 08	2.490 50	0.087 57	13.924 39	0.006 49
	离散 1	8.802 37	2.902 80	3.369 93	16.733 37	1.462 35	0.047 22	6.764 07	0.021 80
	离散 2	9.224 80	3.095 21	4.734 12	20.615 51	1.411 04	0.050 41	6.860 47	0.023 44
	离散 3	8.894 29	3.015 12	4.393 91	20.096 70	1.466 72	0.046 69	7.347 83	0.023 45
	离散 4	8.773 49	2.982 59	4.204 23	19.645 42	1.473 32	0.047 72	7.422 84	0.023 61
	离散 5	8.709 01	2.971 80	4.068 68	19.808 84	1.458 07	0.047 54	7.629 21	0.023 75
	平均离散	8.880 79	2.993 50	4.154 17	19.379 97	1.454 30	0.047 92	7.204 88	0.023 21
	离散度标准差	0.203 53	0.070 05	0.504 64	1.524 73	0.024 83	0.001 45	0.374 48	0.000 80
	C_V/%	2.29	2.34	12.14	7.86	1.70	3.01	5.19	3.45

参考文献

[1] Ghanavati N, Nazarpour A, De Vivo B. Ecological and human health risk assessment of toxic metals in street dusts and surface soils in Ahvaz, Iran[J]. Environ Geochem Health, 2019, 41(2): 875-891.

[2] Gunawardena J, Egodawatta P, Ayoko G A, et al. Atmospheric deposition as a source of heavy metals in urban stormwater[J]. Atmos Environ, 2013, 68: 235-243.

[3] Zhao H, Li X, Wang X, et al. Grain size distribution of road-deposited sediment and its contribution to heavy metal pollution in urban runoff in Beijing, China[J]. Hazard Mater, 2010, 183(1-3): 203-210.

[4] 石栋奇，卢新卫. 西安城区路面细颗粒灰尘重金属污染水平及来源分析[J]. 环境科学，2018，39(7): 3126-3133.

[5] 任玉芬，王效科，欧阳志云，等. 北京城区道路沉积物污染特性[J]. 生态学报，2013(8): 2365-2371.

[6] Duong T T T, Lee B K. Determining contamination level of heavy metals in road dust from busy traffic areas with different characteristics[J]. Environ Manage, 2011, 92(3): 554-562.

[7] Rahman M S, Khan M D H, Jolly Y N, et al. Assessing risk to human health for heavy metal contamination through street dust in the Southeast Asian Megacity: Dhaka, Bangladesh[J]. Sci. Total Environ, 2019, 660: 1610-1622.

[8] 李晓燕，张舒婷. 城市区域近地表灰尘及重金属沉降垂向季节变化[J]. 环境科学，2015，36(6): 2274-2282.

[9] 赵效合. 北京灰尘及其附含重金属空间分布及其降雨冲刷特征研究[D]. 青岛：青岛大学，2016.

[10] Li H H, Chen L J, Yu L, et al. Pollution characteristics and risk assessment of human exposure to oral bioaccessibility of heavy metals via urban street dusts from different functional areas in Chengdu, China[J]. Sci. Total Environ, 2017, 586: 1076-1084.

[11] Men C, Liu R, Xu F, et al. Pollution characteristics, risk assessment, and source apportionment of heavy metals in road dust in Beijing, China[J]. Sci. Total Environ, 2018, 612: 138-147.

[12] Mohmand J, Eqani SAMAS, Fasola M, et al. Human exposure to toxic metals via contaminated dust: Bio-accumulation trends and their potential risk estimation[J]. Chemosphere, 2015, 132: 142-151.

[13] 朱伟，边博，阮爱东. 镇江城市道路沉积物中重金属污染的来源分析[J]. 环境科学，2007，28(7): 1584-1589.

[14] 王小梅，赵洪涛，李叙勇，等. 北京地区城乡街尘中铅污染分异特征研究[J]. 土壤，2011，43(2): 232-238.

[15] 王正文. 闽三角城市群道路土壤及灰尘重金属污染现状与风险评价[D]. 厦门：厦门大学，2018.

[16] Wahab MIA, Razak WMAA, Sahani M, et al. Characteristics and health effect of heavy metals on non-exhaust road dusts in Kuala Lumpur[J]. Sci Total Environ, 2019, 135535.

[17] 唐荣莉，马克明，张育新，等. 北京城市道路灰尘重金属污染的健康风险评价[J]. 环境科学学报，2012(8): 2006-2015.

[18] 韩倩，张丽娟，胡国成，等. 中山高平工业园区周边水体沉积物中重金属污染特征及生态风险评价[J]. 农业环境科学学报，2015 (8): 1563-1568.

[19] 沈墨海，孙丽芳，张亚洁，等. 河南省若干城市道路灰尘的重金属污染特征[J]. 环境科学与技术，2018(2).

[20] 孙宗斌，刘百桥，周俊，等. 天津城市道路灰尘重金属污染及生态风险评价[J]. 环境科学与技术，

2015,38(8):244-250.

[21] Li H,Shi A,Zhang X. Particle size distribution and characteristics of heavy metals in road-deposited sediments from Beijing Olympic Park[J]. Environ Sci. 2015(32):228-237.

[22] 闫慧,肖军,张俊丽.许昌市街道灰尘重金属含量及其粒径效应[J].地球环境学报,2016,7(2):183-191.

[23] 孙宗斌,周俊,胡蓓蓓,等.天津城市道路灰尘重金属污染特征[J].生态环境学报,2014, 23(1):157-163.

[24] ŠkrbićB D,Buljovčič M,JovanovićG,et al. Seasonal,spatial variations and risk assessment of heavy elements in street dust from Novi Sad,Serbia[J]. Chemosphere,2018,205:452-462.

[25] 刘蕊,涂兰兰.贵阳建筑灰尘重金属的生物可给性及其对人体的健康风险评估[J].生态环境学报,2017,26(7):1186-1192.

[26] Lin H,Zhu X,Feng Q,et al. Pollution,sources and bonding mechanism of mercury in street dust of a subtropical city,southern China[J]. Human and Ecological Risk Assessment:An International Journal,2019,25(1-2):393-409.

[27] 耿雅妮,梁青芳,杨宁宁,等. 宝鸡市城区灰尘重金属空间分布、来源及健康风险[J].地球与环境,2019 (5):15.

[28] Ma Z,Chen K,Li Z,et al. Heavy metals in soils and road dusts in the mining areas of Western Suzhou,China:a preliminary identification of contaminated sites[J]. Soils Sediments,2016,16(1):204-214.

[29] Wang J,Li S,Cui X,et al. Bioaccessibility,sources and health risk assessment of trace metals in urban park dust in Nanjing,Southeast China[J]. Ecotox Environ Safe,2016,128:161-170.

[30] Ma Y,Gong M,Zhao H,et al. Contribution of road dust from Low Impact Development (LID) construction sites to atmospheric pollution from heavy metals[J]. Sci. Total Environ,2020,698:134243.

[31] Zheng N,Liu J,Wang Q,et al. Health risk assessment of heavy metal exposure to street dust in the zinc smelting district,Northeast of China[J]. Sci. Total Environ,2010,408(4):726-733.

[32] Ackah M. Soil elemental concentrations,geoaccumulation index, non-carcinogenic and carcinogenic risks in functional areas of an informal e-waste recycling area in Accra,Ghana[J]. Chemosphere,2019,235:908-917.

[33] Huang M,Wang W,Chan CY,et al. Contamination and risk assessment (based on bioaccessibility via ingestion and inhalation) of metal (loid)s in outdoor and indoor particles from urban centers of Guangzhou,China[J]. Sci. Total Environ,2014,479-480:117-124.

[34] 吴建芝,王艳春,田宇,等. 北京市公园和道路绿地土壤重金属含量特征比较研究[J]. 北京园林,2016 (3):53-58.

[35] 陈景荣,凌昱晨,钱琳琳,等. 南京市各功能区近地灰尘重金属污染及其潜在生态风险评价[J]. 科学技术与工程,2016,16(19):121-125.

[36] 张军,董洁,梁青芳,等. 宝鸡市区土壤重金属污染影响因子探测及其源解析[J]. 环境科学,2019,40(8).

[37] Guan Q,Zhao R,Pan N,et al. Source apportionment of heavy metals in farmland soil of Wuwei,China:Comparison of three receptor models[J]. Clean Prod,2019,237:117792.

[38] Weerasundara L,Magana-Arachchi DN,Ziyath AM,et al. Health risk assessment of heavy metals in atmospheric deposition in a congested city environment in a developing country:Kandy City,Sri Lanka[J]. Environ Manage,2018,220:198-206.

[39] 张文娟,王利军,王丽,等. 西安市地表灰尘中重金属污染水平与健康风险评价[J]. 土壤通报,

2017,48(2):481-487.

[40] 焦伟,牛勇,李斌,等. 基于化学形态分析的城市道路灰尘重金属健康风险评价与人为来源解析[J]. 生态环境学报,2018,27(12):2269-2275.

[41] Sobhanardakani S. Ecological and Human Health Risk Assessment of Heavy Metal Content of Atmospheric Dry Deposition,a Case Study:Kermanshah, Iran[J]. Biol Trace Elem Res,2019,187(2):602-610.

[42] Kolakkandi V,Sharma B,Rana A,et al. Spatially resolved distribution, sources and health risks of heavy metals in size-fractionated road dust from 57 sites across megacity Kolkata,India[J]. Sci. Total Environ, 2019:135805.

[43] 尹朋建,芦会杰. 浓缩液重金属测定不同消解方法比较研究[J]. 环境科学与技术,2019,1.

[44] Müller G. Die Schwermetallbelastung der Sedimente des Neckars und seiner Nebenflüsse Eine Bestandsaufnahme[J]. Chemiker-Zeitung,1981(6):157-164.

[45] 成杭新,李括,李敏,等. 中国城市土壤化学元素的背景值与基准值[J]. 地学前缘,2014,21(3):265-306.

[46] Chen Yinan,Ma Jianhua,Miao Changhong,et al. Occurrence and environmental impact of industrial agglomeration on regional soil heavy metalloid accumulation:A case study of the Zhengzhou Economic and Technological Development Zone (ZETZ),China[J]. Clean Prod,2020,245(1): 18676.

[47] Men C,Liu R,Wang Q,et al. The impact of seasonal varied human activity on characteristics and sources of heavy metals in metropolitan road dusts[J]. Sci. Total Environ,2018,637−638:844-854.

[48] Enuneku A, Biose E, Ezemonye L. Levels, distribution, characterization and ecological risk assessment of heavy metals in road side soils and earthworms from urban high traffic areas in Benin metropolis,Southern Nigeria[J]. Environ Chem Eng,2017,5(3):2773-2781.

[49] Zhang M,He P,Qiao G,et al. Heavy metal contamination assessment of surface sediments of the Subei Shoal,China:Spatial distribution,source apportionment and ecological risk[J]. Chemosphere,2019,223:211-222.

[50] Hakanson L. An ecological risk index for aquatic pollution control:A sedimentological approach[J]. Water Res.,1980,14(8):975-1001.

[51] Soltani N,Keshavarzi B,Moore F,et al. Ecological and human health hazards of heavy metals and polycyclic aromatic hydrocarbons (PAHs) in road dust of Isfahan metropolis, Iran[J]. Sci. Total Environ, 2015,505:712-723.

[52] Zhao H, Zhao J, Yin C, et al. Index models to evaluate the potential metal pollution contribution from wash off of road-deposited sediment[J]. Water Res., 2014,

[53] Shabanda IS,Koki IB,Low KH,et al. Daily exposure to toxic metals through urban road dust from industrial,commercial,heavy traffic,and residential areas in Petaling Jaya,Malaysia:a health risk assessment [J]. Environ Sci. Pollut Res,2019,26(36):37193-37211.

[54] Du Y,Gao B,Zhou H,et al. Health risk assessment of heavy metals in road dusts in urban parks of Beijing,China[J]. Prog. Environ Sci.,2013(18): 299-309.

[55] Lu X,Wang L,Li LY,et al. Multivariate statistical analysis of heavy metals in street dust of Baoji,NW China[J]. J Hazard Mater,2010,173(1-3):744-749.

[56] Duan Z,Wang J,Xuan B,et al. Spatial distribution and health risk assessment of heavy metals in urban road dust of Guiyang,China[J]. Nat Env Poll Tech, 2018,17(2):407-412.

[57] Roy S,Gupta SK,Prakash J,et al. Ecological and human health risk assessment of heavy metal contamination in road dust in the National Capital Territory (NCT) of Delhi, India[J]. Environ Sci. Pollut

Res. ,2019:1614-7499.

[58] CNEMC (1990) China National Environmental Monitoring Center. The Backgrounds of Soil Environment in China[J]. Environment Science Press of China.

[59] Zhang Shu-ting, Li Xiao-yan, Chen Si-min. Vertical characteristics of deposition fluxes of dust and heavy metals of Guiyang City[J]. China Environmental Science, 2015, 35(6):1630-1637.

[60] Huang Y, Zhang S, Chen Y, et al. Tracing Pb and Possible Correlated Cd Contamination in Soils by Using Lead Isotopic Compositions[J]. Hazard Mater, 2020, 385(5):121528.

[61] Kara M. Assessment of sources and pollution state of trace and toxic elements in street dust in a metropolitan city[J]. Environ Geochem Health, 2020, 42:3213-3229.

[62] Huang Y, Li T, Wu C, et al. An integrated approach to assess heavy metal source apportionment in peri-urban agricultural soils[J]. Hazard Mater, 2015, 299:540-549.

[63] Rehman A, Liu G, Yousaf B, et al. Characterizing pollution indices and children health risk assessment of potentially toxic metal(oid)s in school dust of Lahore, Pakistan[J]. Ecotox Environ Safe, 2020, 190:110059.

[64] Lu X, Li L Y, Wang L, et al. Contamination assessment of mercury and arsenic in roadway dust from Baoji, China[J]. Atmos Environ, 2009, 43(15): 2489-2496.

[65] 邓林俐,张凯山,殷子渊,等. 基于PMF模型的PM2.5中金属元素污染及来源的区域特征分析[J].环境科学,2020,41(12).

[66] Jin Y, O'Connor D, Ok YS, et al. Assessment of sources of heavy metals in soil and dust at children's playgrounds in Beijing using GIS and multivariate statistical analysis[J]. Environ Int., 2019, 124:320-328.

[67] Dong H, Lin Z, Wan X, et al. Risk assessment for the mercury polluted site near a pesticide plant in Changsha, Hunan, China[J]. Chemosphere, 2017, 169: 333-341.

[68] Men C, Liu R, Wang Q, et al. Uncertainty analysis in source apportionment of heavy metals in road dust based on positive matrix factorization model and geographic information system[J]. Sci. Total Environ, 2019, 652:27-39.

[69] Naderizadeh Z, Khademi H, Ayoubi S. Biomonitoring of atmospheric heavy metals pollution using dust deposited on date palm leaves in southwestern Iran[J]. Atmósfera, 2016, 29(2):141-155.

[70] Giersz J, Bartosiak M, Jankowski K. Sensitive determination of Hg together with Mn, Fe, Cu by combined photochemical vapor generation and pneumatic nebulization in the programmable temperature spray chamber and inductively coupled plasma optical emission spectrometry[J]. Talanta, 2017, 167:279-285.

[71] Li Y, Yu Y, Yang Z, et al. A comparison of metal distribution in surface dust and soil among super city, town, and rural area[J]. Environ Sci. Pollut Res, 2016, 23(8):7849-7860.

[72] Wuana RA, Okieimen FE. Heavy metals in contaminated soils: a review of sources, chemistry, risks and best available strategies for remediation[J]. ISRN Ecology, 2011(2011):1-20.

[73] Bai J, Zhao Q, Wang W, et al. Arsenic and heavy metals pollution along a salinity gradient in drained coastal wetland soils: Depth distributions, sources and toxic risks[J]. Ecol Indic, 2019, 96:91-98.

[74] Guo H, Wang T, Louie PK. Source apportionment of ambient non-methane hydrocarbons in Hong Kong: application of a principal component analysis/ absolute principal component scores (PCA/APCS) receptor model[J]. Environ Pollut, 2004, 129(3).

[75] Larsen RK, Baker JE. Source apportionment of polycyclic aromatic hydrocarbons in the urban atmosphere: a comparison of three methods. Environ[J]. Sci. Technol, 2003, 37 (9):1873-1881.

[76] Roscoe BA, Hopke PK, Dattner SL, et al. The Use of Principal Component Factor Analysis to Interpret Particulate Compositional Data Sets[J]. Journal of the Air Pollution Control Association, 1982, 32(6): 637-642.

[77] Wang J, Huang JJ, Li J. Characterization of the pollutant build-up processes and concentration/mass load in road deposited sediments over a long dry period[J]. Sci. Total Environ, 2020, 718(20): 137282.

[78] Brown A, Yalala B, Cukrowska E, et al. A scoping study of component-specific toxicity of mercury in urban road dusts from three international locations. Environ[J]. Geochem Health, 2020, 42: 1127-1139.

[79] Jiang P, Chen X, Li Q, et al. High-resolution emission inventory of gaseous and particulate pollutants in Shandong Province, eastern China[J]. Clean Prod, 2020, 259(20): 120806.

[80] Song Y, Xie S, Zhang Y, et al. Source apportionment of PM2.5 in Beijing using principal component analysis/absolute principal component scores and UNMIX[J]. Sci. Total Environ, 2006, 372(1): 278-286.

[81] Tapper U, Paatero P. Positive matrix factorization: a non-negative factor model with optimal utilization of error estimates of data values[J]. Environmetrics, 1994, 5(2): 111.

[82] 魏青,陈文怡,金麟先. 枣庄市大气 PM2.5 重金属元素健康风险评价及污染来源解析[J]. 中国粉体技术,2020,26(6):69-78.

[83] Reff A, Eberly SI, Bhave PV. Receptor modeling of ambient particulate matter data using positive matrix factorization: Review of existing methods[J]. Air Waste Manage Assoc, 2007, 57(2): 146-154.

[84] W R Tobler a. A Computer Movie Simulating Urban Growth in the Detroit Region[J]. Economic Geography, 1970, 46: 234-240.

[85] 李瑞平,姜咏栋,李光德,等. 基于 GIS 的农田土壤重金属空间分布研究:以山东省泰安市为例[J]. 山东农业大学学报(自然科学版),2012(2):232-238.

[86] USEPA Guidelines for exposure assessment. Office of Research and Development, Office of Health and Environmental Assessment, Washington, DC, 1992, EPA/600/Z-92/001.

[87] USEPA Risk Assessment Guidance for Superfund: Volume Ⅲ-Part A, Process for Conducting Probabilistic Risk Assessment. US Environmental Protection Agency, Ishington, D. C., 2001, EPA/540/R-02/002.

[88] USEPA Highlights of the child-specific exposure factors handbook. National Center for Environmental Assessment, Washington, DC., 2009, EPA/600/R-08/135.

[89] USEPA Recommendations of the Technical Review Workgroup for Lead for an Approach to Assessing Risks Associated with Adult Exposures to Lead in Soil., 2003, EPA/540/R-03/110.

[90] USEPA Exposure Factors Handbook Chapter 5 (Update): Soil And Dust Ingestion. U. S. EPA Office of Research and Development, Washington, DC, 2017, EPA/600/R-17/384.

[91] SFT Guidelines on Risk Assessment of Contaminated Sites. SFT Report 99.06. Norwegian Pollution Control Authority, 1999.

[92] USEPA Risk Assessment Guidance for Superfund, vol. I: Human Health Evaluation Manual. EPA/540/1-89/002. Office of Solid Waste and Emergency Response, 1989.

[93] USEPA Supplemental Guidance for Developing Soil Screening Levels for Superfund Sites. OSWER 9355.4-24. Office of Solid Waste and Emergency Response., 2001.

[94] U. S. Department of Energy RAIS: Risk Assessment Information System. US Department of Energy, Office of Environmental Management, 2000.

[95] USEPA Estimation of relative bioavailability of lead in soil and soil-like materials using in vivo and in vitro methods. Washington, DC: Office of Solid Waste and Emergency Response, U. S. Environmental

Protection Agency, 2007.

[96] USEPA Soil Screening Guidance: Technical Background Document. EPA/540/R-95/128. Office of Waste and Emergency Response, 1996.

[97] Kurt-Karakus PB. Determination of heavy metals in indoor dust from Istanbul, Turkey: estimation of the health risk[J]. Environ. Int, 2012, 50: 47-55.

[98] Chen H, Lu X, Li LY. Spatial distribution and risk assessment of metals in dust based on samples from nursery and primary schools of Xi'an, China[J]. Atmos Environ, 2014, 88: 172-182.

[99] Yang S, Li P, Liu J, et al. Profiles, source identification and health risks of potentially toxic metals in pyrotechnic-related road dust during Chinese New Year[J]. Ecotox Environ Safe, 2019, 184: 0147-6513.

[100] Gilbert RO. Statistical Methods for Environmental Pollution Monitoring[M]. New York: Van Nostrand Reinhold, 1987, 177-85.

[101] Shil S, Singh UK. Health risk assessment and spatial variations of dissolved heavy metals and metalloids in a tropical river basin system[J]. Ecol Indic, 2019, 106: 1270-160X.